# 초등 아이
# 행동변화 대화법
# 68

아이와의 대화가 **늘 싸움으로 끝나는 부모**를 위한 책

# 초등 아이 행동변화 대화법 68

**김선호** 지음

글담출판

머리말

# 자녀와 대화할수록 화가 나나요?

아이들은 학교라는 새로운 사회적 공간에서 여러 힘든 상황을 마주합니다. 친구와의 다툼, 공부에 대한 부담, 선생님과의 관계 속에서 생기는 크고 작은 고민 등, 그 어려움의 형태와 이유도 다양하지요. 이때 부모의 한마디가 아이에게 큰 위로가 될 수도 있고, 반대로 마음에 깊은 상처를 남길 수도 있습니다.

하지만 대화하다 보면 부모는 자신도 모르게 감정이 격해지는 순간을 경험하게 됩니다. 아이의 말이 예상과 다르거나 과거의 똑같은 실수나 잘못을 반복할 때면 처음엔 차분하게 시작했던 대화가 점점 속상함과 안타까움에 잔소리로 변하거나 화로 끝나는 상황이 자주 발생하지요.

과제를 안 한 아이에게 처음엔 숙제를 안 한 이유를 차분히 물어보지만, 대화를 이어가는 과정에서 황당한 대답을 하며 불성실한 태도를 보이는 아이와 마주하노라면 화가 치밀어 오르면서 결국 "도대체 몇 번을 말해야 알아듣니!" "숙제조차 엄마가 챙기지 않으면 혼자 못해?"로 대화가 끝나 버리는 경험, 누구나 한 번쯤은 있을 것입니다.

부모로서 아이의 잘못을 바로잡고 싶고, 더 잘하기를 바라는 마음은 너무나 자연스러운 일입니다. 또 아이가 어려움에 부딪히면 당사자인 아이보다 더 마음이 아프지요. 하지만 이런 마음이 표현되는 방식이 때로는 잔소리로, 비난으로, 혹은 과도한 비교로 변질될 때 아이들은 마음의 문을 닫고 자존감에 상처를 입을 수 있습니다.

이 책은 이러한 상황에서 부모와 아이 모두 상처받지 않고 어떻게 행동 변화를 유도할 수 있는지 실질적인 대화 기술을 알려드립니다.

물론 과연 한마디 말로 자녀의 행동을 바꿀 수 있을지 의문을 가지시는 분도 있으실 것입니다. 최소한 열 명 중 한 명은 딱 한마디만으로도 가능합니다. 학기 첫날, 숙제는 매일 아침 8시 50분까지 교탁 위에 올려놓으라고 하면, 한 반에 30명이 있다고 가정하면 최소 2~3명은 1년 동안 매일 한 번도 늦지 않고 그대로 행합니다.

그럼 그렇지 않은 나머지 아이들은 어떻게 하면 될까요? 단순합니다. 두 번, 세 번 반복해서 말해 줍니다. 단순히 몇 번 더 친절하게 알려 줬을 뿐인데 절반 정도의 아이들에게서 행동의 변화가 찾아옵니다. 그래도 안 되는 아이는 어떤 개인적인 이유가 있는지 묻고, 살펴봅니다. 그러고 나서 아이 개인에 맞는 적절한 언어로 표현해 주면 됩니다.

이 모든 과정에서 중요한 건 초등 아이에게 맞는 바른 '언어'를 사용했냐는 것입니다.

단순히 감정을 억눌러 예쁘고 다정한 말만 해야 한다는 뜻이 아닙니다. 17년 동안 교사생활을 하며 3,000여 명의 학생들과 상담을 하면서 깨달은 점은 초등 아이들이 원하고 필요로 하는 언어가 따로 있다는 사실이었습니다. 이러한 발견과 발달심리학을 바탕으로 부모가 흔히 빠지기 쉬운 잘못된 대화 패턴을 끊어내고, 따뜻하지만 효과적인 말하기를 구체적으로 제시합니다. 모든 가정에서 실질적인 도움을 받을 수 있도록 아이들이 자주 겪는 대표적인 고민과 문제 상황 68가지를 중심으로 구체적인 대화 솔루션을 담았습니다. 외국어 공부를 하듯이 중얼중얼 자주 따라 해보시길 바랍니다. 외국어 공부를 눈으로만 보고 끝내지는 않지요. 자주 반복해야 필요할 때 말할 줄 알게 되듯이, 부모의 언어도 자주 연습해야 일상에서 자연스럽게 건넬 수 있게 됩니다.

부모가 아이에게 건네는 말은 아이의 행동과 마음에 매우 큰 영향을 미칩니다. “이제 제 말은 안 들어요.”라고들 말씀하시지만, 초등 6학년 아이들이 부모님에게 가장 듣고 싶은 말이 “사랑한다”는 말인 것처럼, 여전히 아이들 마음 속에는 부모님이 크게 자리하고 있습니다. 그러니 단순한 훈육에서 벗어나 아이의 가능성을 키우고, 마음의 안전지대를 만들어 주는 말을 들려 주세요.

이 책이 부모님과 아이 모두에게 따뜻한 대화의 시작점이 되길 바랍니다.

사이다 쌤

김선호 드림

# 차례

## 머리말

자녀와 대화할수록 화가 나나요? • 004

## 1장_ 배움이 즐거운 아이로 성장하기

01 행동변화 대화법 수학을 포기하고 싶다는 아이에게 • 014
02 행동변화 대화법 학원 가기 싫다고 버티는 아이에게 • 019
03 행동변화 대화법 힘들다면서 숙제를 안 하겠다는 아이에게 • 024
04 행동변화 대화법 공부하기 싫어하는 아이에게 '공부 정서'를 심어 주는 말 • 029
05 행동변화 대화법 책을 읽지 않는 아이에게 독서 습관을 길러 주는 말 • 034
06 행동변화 대화법 공포 괴담 책만 읽는 아이에게 • 038
07 행동변화 대화법 경계선 지능인 아이에게 • 042
08 행동변화 대화법 글쓰기를 어려워하는 아이에게 • 046
09 행동변화 대화법 아이의 메타인지를 높여 주려면 • 050

10 행동변화 대화법 알찬 여름방학을 보내려면 • 053
11 행동변화 대화법 알찬 겨울방학을 보내려면 • 057
12 행동변화 대화법 인공지능을 마주하는 아이에게 들려 줘야 하는 말 • 061

## 2장_ 관계가 행복한 아이로 성장하기

13 행동변화 대화법 원만한 친구 관계를 맺게 해주려면 • 068
14 행동변화 대화법 아이 마음에 강한 질투가 작용한다면 • 072
15 행동변화 대화법 친한 친구가 없어 힘들어 하는 아이에게 • 076
16 행동변화 대화법 학급회장이 되고 싶어 하는 아이에게 • 081
17 행동변화 대화법 전학으로 불안해 하는 아이에게 • 085
18 행동변화 대화법 아이가 학교에 가기 싫다고 말할 때 • 090
19 행동변화 대화법 일상에서 아이의 자존감을 높여 주려면 • 094
20 행동변화 대화법 자신감이 부족한 아이에게 • 098
21 행동변화 대화법 자기 감정을 잘 표현하지 못하는 아이에게 • 102
22 행동변화 대화법 다른 사람의 눈치를 너무 보는 아이에게 • 107
23 행동변화 대화법 자기 할 말을 못 하고 삭이는 아이에게 • 111
24 행동변화 대화법 아이와의 애착 관계가 불안정하다고 느낄 때 • 116

## 3장_ 가치관이 건강한 아이로 성장하기

25 행동변화 대화법 방문을 걸어 잠그는 아이에게 • 122
26 행동변화 대화법 하고 싶은 것도 좋아하는 것도 없다는 아이에게 • 127
27 행동변화 대화법 엄마가 무기력해질 때 • 132

28 행동변화 대화법 연예인에 빠져 사는 아이에게 • 136
29 행동변화 대화법 이별에 대한 애도가 필요할 때 • 140
30 행동변화 대화법 '인싸'가 되고 싶은 아이에게 • 145
31 행동변화 대화법 섭식장애가 의심될 때 • 150
32 행동변화 대화법 자해를 시도한 사실을 알게 됐을 때 • 154
33 행동변화 대화법 진로 결정에 도움이 되는 대화 • 159
34 행동변화 대화법 훈육보다 아이에게 영향이 큰 부모의 습관 • 163
35 행동변화 대화법 조부모만 줄 수 있는 것들 • 167
36 행동변화 대화법 이성 친구를 사귀는 것을 알았을 때 • 171
37 행동변화 대화법 초등 졸업 즈음에 도움이 되는 말 • 176

## 4장_ 심리와 정서가 안정적인 아이로 성장하기

38 행동변화 대화법 아동 발달 과정을 모른 채 자녀를 키우면 • 182
39 행동변화 대화법 분노 조절을 못 하는 아이에게 • 186
40 행동변화 대화법 엄마에게 툭하면 짜증 내는 아이에게 • 191
41 행동변화 대화법 너무 산만한 아이에게 • 196
42 행동변화 대화법 우울한 아이에게 • 200
43 행동변화 대화법 틱 증상을 보이는 아이에게 • 204
44 행동변화 대화법 매사에 시큰둥, 무기력한 아이에게 • 209
45 행동변화 대화법 아이에게 단단한 마음을 길러 주는 말 • 214
46 행동변화 대화법 발달 '퇴행'을 막으려면 • 219
47 행동변화 대화법 평소 불안도가 높고 예민한 아이에게 • 223
48 행동변화 대화법 스트레스에 약한 아이에게 • 227
49 행동변화 대화법 음식에 집착하는 모습을 보인다면 • 231

50 행동변화 대화법 학교 공개수업에 참석할 수 없을 때 • 235
51 행동변화 대화법 학부모 상담 전에 아이에게 확인할 것들 • 239
52 행동변화 대화법 욕구를 조절하기 어려워하는 아이에게 • 244
53 행동변화 대화법 아이에게 평소 들려 주면 좋은 말 • 249

## 5장_ 행동이 바른 아이로 성장하기

54 행동변화 대화법 엄마에게 무례하게 굴 때 • 256
55 행동변화 대화법 몇 번을 말해도 소용이 없을 때 • 260
56 행동변화 대화법 도덕적인 선택을 하도록 도우려면 • 264
57 행동변화 대화법 생활 규칙을 잘 지키게 하려면 • 269
58 행동변화 대화법 아이가 돈을 함부로 대할 때 • 273
59 행동변화 대화법 비싼 물건을 사 달라고 떼쓸 때 • 278
60 행동변화 대화법 정리 정돈을 안 하는 아이에게 • 283
61 행동변화 대화법 계획성이 없는 아이에게 • 288
62 행동변화 대화법 스마트폰을 사 달라고 조르는 아이에게 • 293
63 행동변화 대화법 스마트폰 사용에 관리가 필요할 때 • 298
64 행동변화 대화법 폭력을 자주 사용하는 아이에게 • 302
65 행동변화 대화법 욕을 습관처럼 입에 달고 사는 아이에게 • 306
66 행동변화 대화법 성적 수치심을 주는 장난을 하는 아이에게 • 312
67 행동변화 대화법 아이가 왕따를 당한다고 말할 때 • 318
68 행동변화 대화법 학교폭력을 예방하는 말 • 323

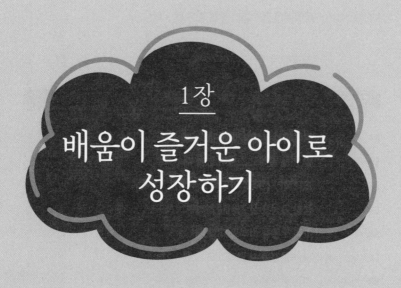

# 1장

# 배움이 즐거운 아이로 성장하기

- 수학을 포기하고 싶다는 아이에게
- 학원 가기 싫다고 버티는 아이에게
- 힘들다면서 숙제를 안 하겠다는 아이에게
- 공부하기 싫어하는 아이에게 '공부 정서'를 심어 주는 말
- 책을 읽지 않는 아이에게 독서 습관을 길러 주는 말
- 공포 괴담 책만 읽는 아이에게
- 경계선 지능인 아이에게
- 글쓰기를 어려워하는 아이에게
- 아이의 메타인지를 높여 주려면
- 알찬 여름방학을 보내려면
- 알찬 겨울방학을 보내려면
- 인공지능을 마주하는 아이에게 들려 줘야 하는 말

01 행동변화 대화법

# 수학을 포기하고 싶다는 아이에게

## 평소 이렇게 말하고 있나요?

"남들은 다 하는 걸 어렵다고 포기한다는 게 말이 된다고 생각하는 거야?" (X)

"그동안 수학 학원 보내느라고 돈이 얼마나 들었는지 알아?" (X)

"뭘 얼마나 열심히 했다고 포기야. 안 돼." (X)

"그래, 뭐. 수학으로 먹고살 것도 아닌데, 수학은 포기하고 대신 다른 거 열심히 해." (X)

## 이렇게 바꿔 말해 보세요.

"보니까 계산 연습이 부족했던 것 같아. 매일 한 장씩만 연산문제집을 풀어 보자. 당장 좋은 점수를 받을 필요는 없어. 그런데 적어도 덧셈, 뺄셈, 나눗셈, 곱셈 실수는 막아 보자." (O)

"초등 시기는 무슨 과목이든 포기할 때가 아니야. 수학이 지겹고 어려운 건 알아. 일단 교과서에 있는 내용만이라도 이해하고 문제를 꾸준하게 풀어 보자. 그것만 반복해서 풀어도 돼." (O)

"하루에 수학 문제집 한 장만 풀어. 포기라는 말을 그렇게 쉽게 하는 거 아니야. 꾸준히 한 장만 풀어도 1년에 문제집 네 권은 풀 수 있어. 그렇게 천천히 가보는 거야." (O)

## 지금 멈추면 여기까지이지만, 계속 가면 그 끝은 누구도 모릅니다.

초등 고학년쯤 되면 아이들 입에서 수포자(수학을 포기한 사람)라는 말을 어렵지 않게 들을 수 있습니다. 포기까지는 아니어도 수학이 싫다는 아이가 무척 많습니다. 그리고 덧붙여서 이렇게 합리화합니다.

"선생님, 꼭 수학을 잘해야 잘 사는 건 아니잖아요."

그렇지요, 꼭 수학을 잘해야 하는 건 아니지요. 하지만 그것이 수학을 포기해도 되는 합당한 이유는 아닙니다. 문제는 '포기'라는 표현입니다. 사는 동안 포기해야 할 것도 있지요. 하지만 초등 시기는 포기라는 단어가 어울리는 때가 아닙니다. 그것이 수학이든 영어든 국어든 피아노든 뭐든 말이지요.

보통 고학년이 되면 주당 세 시간 정도 수학을 배웁니다. 수학을 포기한다고 마음먹는 순간 매주 세 번씩 그냥 앉아서 아무 의미 없는 시간을 보내야 합니다. 주 5일 가운데 세 시간이 뭐 대수인가 싶기도 하겠지요. 하지만 이런 일이 매주 반복됩니다. 더구나 중학교나 고등학교에 올라가서까지 이런 상황이 쭉 이어집니다. 초등학교 6학년 때 수학을 포기했다면, 그 1년뿐 아니라 중학교 3년, 고등학교 3년까지 더해서 7년 동안 매주 서너 시간을 그냥 버티면서 버리는 셈입니다. 의미 없는 시간이 반복되면 공부 정서가 망가집니다. 그리고 정서는 한곳에 제한되지 않고 다른 영역으로까지 연결되기 때문에 부정적 정서가 삶의 많은 영역으로 확대됩니다.

완주하기는 어렵지만 포기는 쉽습니다. 초등 시기에 쉬운 방식을 선택한 아이는 성장하면서 혹은 어른이 된 후 수학뿐 아니라 다른 영역(진로, 대인관계 등)에서도 쉬운 선택을 하기 쉽습니다.

"힘든데 꼭 이 회사에 다닐 필요는 없잖아."
"아이, 그냥 이제 안 만나면 그만이지, 뭐."
"몰라, 이거 안 한다고 뭐 큰일 나는 것도 아니고."

아이가 수학을 포기하고 싶다고 말한다면, 먼저 현재 상황부터 파악해야 합니다. 계산력이 부족한 건지, 수학에 대한 기초가 부족한 건지, 수업 내용을 이해는 하지만 어려운 문제를 계속 틀려서 속상한 건지, 계산형 문제는 잘 푸는데 서술형 문제에서 막히는 것인지 등을 분석합니다. 그리고 시간이 좀 걸려도 괜찮다고, 초등 시기에는 아무것도 늦지 않았으니 현재의 위치에서 멈추지 않고 조금씩만 앞으로 가면 된다고 알려 줍니다.

초등 시기에는 그 어떤 교과에서도 포기라는 단어를 허용하지 마세요.

대신 '조금씩 꾸준히'라는 단어를 알려 줍니다. 그래야 아이가 학교에서 의미 없는 시간을 보내지 않을 수 있습니다.

02 행동변화 대화법

# 학원 가기 싫다고 버티는 아이에게

### 평소 이렇게 말하고 있나요?

"학원 다니기 싫다고? 그래, 그럼 이제부터는 혼자 잘해야 해." (X)

"일단 다녀야 한다니까. 집에 있으면 스마트폰밖에 안 하잖아." (X)

### 이렇게 바꿔 말해 보세요.

"학원에 문의해 보니까 지금 3단계까지 했더라. 5단계까지는 마쳐야 그래도 네가 나중에 혼자 연습할 수 있어. 2개월 정도 걸린다니까 5단계까지는 마치고 그만두도록 해." (O)

"무조건 안 가고 싶다고 해서 안 갈 수 있는 게 아니야. 이건 엄마, 아빠가 가르쳐 줄 수가 없거든. 1년 정도 더 다녀야 해. 그때쯤이면 네가

간단한 악보 정도는 혼자 보면서 칠 수 있어. 그때도 그만두고 싶으면 그때 그만두자." (O)

"네가 학교 가기 싫다고 안 갈 수 없는 것처럼, 학원도 마찬가지야. 네게 필요한 교육이라고 생각해서 엄마, 아빠가 신중하게 고른 거야. 영어 학원에 다니면서 기본 문법을 배우도록 해. 문법 단계가 끝나면 그때 네가 혼자서 할 수 있는지 보고 다시 결정할 거야." (O)

"학원에서 선생님이 폭언을 하거나 체벌을 했다면 엄마한테 이야기해 줘. 공부 잘하는 아이에게만 맞춰서 진도를 빠르게 나가거나 친절하게 설명해 주지 않아도 이야기하고. 그럴 때는 네 속도에 맞는 괜찮은 학원을 찾아서 옮겨 줄게." (O)

## 무엇이든 시작하는 것이 중요하고,
## 끝맺는 것은 더 중요합니다.

학원에 꼭 다닐 필요는 없습니다. 그렇다고 학원이 꼭 필요 없는 것도 아닙니다. 학원을 보내는 이유는 다양합니다. 결정적으로는 엄마, 아빠가 해줄 수 없는 교육을 일정 부분 누군가에게 맡기기 위해서 학원에 보내는 것이지요.

방과 후에 집에서 아이를 봐주기 어려워서, 아이가 혼자서 잘하지 못해서 등등 학원을 선택할 수밖에 없는 경우가 있습니다. 그런데 아이는 학원에 가기 싫다고 버팁니다. 혼자서 알아서 잘한다고 해서 그냥 뒀더니, 집에서 스마트폰만 보면서 아까운 시간을 흘려보낸다면 학원에 안 보내기가 어렵습니다. 안 되겠다 싶어서 학원 이야기를 꺼내니 "가기 싫다!"며 떼를 씁니다. 그냥 둘 수도 없고, 억지로 학원에 밀어 넣을 수도 없고 여간 힘든 일이 아닙니다.

잘 다니던 학원을 어느 날 갑자기 그만두고 싶다고 하기도 합니다. 어려워서, 재미가 없어서, 다른 친구가 다니는 학원에 다니고 싶어서, 그냥 혼자 하고 싶어서 등 이유는 다양합니다.

애초에 학원을 가기 싫어하든, 중간에 그만두고 싶어 하든 학원에 안 가고자 한다면 그 기준이 명확해야 합니다. 아이의 교육을 위해 무엇이 필요한지를 고민하고 아이의 의견을 듣되 결정은 엄마가 합니다. 그리고 결정 결과와 과정을 구체적으로 알려 줍니다.

엄마나 아빠가 직접 시간을 내서 관리하고 교육할 수 있다면, 어떤 과정을 엄마와 아빠가 맡을지 알려 주세요. 그리고 계획대로 실행합니다. 그럴 만한 여건이 안 된다면 아이에게 왜 지금 바이올린 학원을 가야 하는지, 왜 지금 영어 학원을 갈 수밖에 없는지 명확히 알려 주고, 최소한 언제 어느 단계까지 완료하면 그만 다닐 수 있는지를 말해 주세요. 아이들은 학원을 끝도 없이 계속 다녀야 한다고 생각하기 때문에 시작하기도 전에 거부부터 합니다. 그래서 몇 개월 혹은 어느 단계까지 마치면 학원을 그만 다녀도 된다고, 그 후에는 네가 선택할 수 있다고 알려 주는 것이 좋습니다. 끝맺는 시기를 알면 저항이 줄어듭니다.

중간에 그만둔다는 아이에게도 현재 상황을 물어보고, 어느 단계까지는 마치도록 안내해 주세요. 만약 학원에 문제가 있어서 그만두고 싶다는 경우라면, 대체할 학원이나 선생님을 찾아 봅니다. 아니면 자기 주도적으로 공부할 수 있는 방법을 찾아 봅니다. 아이들은 대부분 그냥 하기 싫어서 중간에 그만두려고 합니다. 이유는 만들기 나름이지요. 학원에 문의해서 현재 우리 아이가 어느 정도까지 과정을 마쳤는지 그리고 앞으로 어떤 과정이 남았는지를 면담한 후에 추후 어떻게 할지를 결정합니다.

아이 스스로 알아서 잘하면 정말 좋겠지요. 하지만 의욕과 동기와 자극을 주는 누군가가 있는 곳에서 배움의 과정을 거칠 때 실력이 업그레이드됩니다. 아이의 의견을 물어 신중하게 학원을 선택하되, 결정은 보호자가 합니다.

03 행동변화 대화법

# 힘들다면서 숙제를
# 안 하겠다는 아이에게

### 평소 이렇게 말하고 있나요?

"숙제하기가 힘들구나. 이거 안 해 간다고 혼나지는 않지? 선생님한테는 아파서 못 했다고 말해." (X)

"중요한 숙제도 아닌 것 같으니까 그냥 빨리 대충 끝내." (X)

"그냥 엄마가 해줄 테니 너는 일찍 자." (X)

### 이렇게 바꿔 말해 보세요.

"숙제는 힘들다고 안 해도 되는 게 아니야. 한 시간이면 충분히 할 수 있는 분량이니까 지금 시작해." (O)

"숙제에 어려운 부분이 있네. 이건 엄마가 조금 도와줄 수 있어. 하지

만 어디까지나 어려운 부분을 도와주는 거지, 네가 숙제를 안 해도 되는 건 아니야." (O)

"숙제부터 제대로 해야지. 미루고 나중에 하는 게 습관이 되면 결국 늘 시간에 쫓겨서 대충 하게 되잖아." (O)

## 게으름의 유혹은 달콤하지만 그 대가는 평생을 따라다닙니다.

아동발달 과정에 따르면 '결정적 시기'라는 것이 존재합니다. 표현이 좀 무섭지요. 어떤 부분에 대한 강한 각인이 이루어지는 때가 바로 '결정적 시기'입니다. 최근에는 전 생애적 발달에 대한 연구가 진행되면서 '민감한 시기'라는 표현을 쓰기도 합니다. 그 시기를 놓치더라도 생애에 걸쳐 해당 능력이나 성향을 발달시킬 수 있다는 의미가 내포되어 있습니다. 그렇다 해도, 그 외의 시기에는 민감한 시기만큼 깊은 각인을 이루기는 어렵다는 것이 공통된 의견입니다.

초등 시기는 근면성이나 성실성을 획득하는 데 민감한 시기입니다. 이 시기에 성실한 태도가 얼마나 중요한지를 배우고, 성실성을 몸에 익히면, 이 아이는 평생 성실한 자세로 진지하게 삶을 살아갈 가능성이 높습니다. 그렇기 때문에 이때는 주어진 일, 맡은 일, 하고자 했던 일을 끝까지 해나가도록 독려하는 것이 좋습니다.

그중에서도 '숙제'는 기본 중의 기본입니다. 학교 숙제든 학원 숙제든 주어진 숙제는 정해진 시간까지 매듭지을 수 있도록 관리해 주세요. 과제가 무엇이고, 분량은 얼마만큼이고, 그걸 해내기 위해 필요한 시간과 준비물을 살펴봐 줍니다. 그리고 안내합니다. 안내 후에는 하고 있는지 확인하고요. 숙제는 선생님과의 약속이고, 자신과의 약속이라는 관점을 길러 줘야 합니다. 그리고 이 약속은 반드시 지켜야 한다는 마음가짐과 태도를 형성해 주세요. 그런 관점을 갖게 된 아이는 뭐든 해야 할 일을 미루지 않고 성실하게 해낼 수 있습니다.

늘 지각을 하는 아이는 가끔 제시간에 등교합니다. 숙제를 안 해 오는 아이는 가끔 숙제를 해 오지요. 이러한 불성실함이 초등학교 때부터 몸에 배면, 정말 중요한 일에도, 학년이 올라가서도 성실하게 임할 수가 없습니다.

어떤 일에 대한 능력이 부족하고 시간이 오래 걸리더라도, 꾸준히 성실하게 하는 사람은 결국 일정 수준 이상의 성취를 해냅니다. 무던하고 꾸준하게 숙제를 하고 주어진 분량의 책을 읽고 매일 한 장이라도 문제를 풀며 공부한 아이가 결국 초등학교를 졸업한 후에 특목고에 가고 나중에 좋은 대학에 입학합니다. 오랫동안 초등학교에서 아이들을 가르치며 직접 경험한 일입니다. 비단 공부

뿐 아니라 예체능 분야에서도 마찬가지입니다.

힘들다고 숙제하기 싫다고 게으름을 피우면, 냉정하고 객관적으로 말해 주세요. 스트레스가 과하고 정해진 분량이 지나치게 많은 경우가 아니라면, 오늘치 숙제를 마치라고 짧게 말합니다. 과제가 어렵다면 도와줄 수는 있지만, 그저 힘들어서 못 하겠다는 투정은 받아 줄 수 없다고 단호하게 알려 줘야 합니다.

04 행동변화 대화법

# 공부하기 싫어하는 아이에게 '공부 정서'를 심어 주는 말

## 평소 이렇게 말하고 있나요?

(스마트폰만 보면서 누워 있는 5학년 자녀에게)

"수학 문제집 풀었어? 매일 다섯 장씩 풀기로 했잖아." (X)

"많기는 뭐가 많아. 딴 애들은 벌써 중학교 문제집 풀기 시작했다는데!" (X)

"싫다니까, 하기 싫다고!"

## 이렇게 바꿔 말해 보세요.

(스마트폰만 보면서 누워 있는 5학년 자녀에게)

"오늘부터 매일 저녁 먹고 수학 문제집 한 장씩 풀어야 해." (O)

"정말 한 장만 풀어도 돼?"

"응, 한 장이야. 대신 매일 해야 해. 하루도 빼먹지 말고. 그렇게만 해도 1년이면 수학 문제집을 네 권 정도 풀 수 있어." **(O)**

"하루 한 장씩만 해도 1년이면 네 권을 풀 수 있다고?"

"그래, 대신 매일 하는 거다. 그게 중요해. 늦었다고 생각하지 마. 걱정할 것 없어. 지금부터 하루 한 장이라도 매일 풀기만 하면 돼. 그러다가 좀 더 풀고 싶은 날이 있으면 두세 장 풀면 되고. 그런데 두세 장을 풀었다고 해서 다음 날 안 풀면 안 돼. 그러느니 매일 한 장씩 꾸준히 푸는 게 훨씬 좋아. 그래야 좋은 공부 습관이 생기거든. 그 습관이 네게 성취감을 안겨 줄 거야. 그때는 하지 말라고 해도 재미있어서 공부가 하고 싶어질걸?" **(O)**

"그럼 매일 최소한 한 장씩은 꼭 풀어 볼게."

## 배움의 즐거움을 발견하는 순간
## 진짜 공부가 시작됩니다.

무엇인가를 배우고 익히는 즐거움을 가르쳐 주는 데에 설명이나 설득은 별다른 힘을 발휘하지 못합니다. 배우고 익히는 즐거움은 정서의 영역이기 때문이지요. 이러한 배움에 대한 감정을 '공부 정서'라고 하는데, 이는 대부분 미취학 시기에 형성됩니다.

"스마트폰 그만 보고 책 좀 읽어야지."

'책'이라는 말만 들어도, '문제집'이라는 단어만 들어도 아이들 마음에는 거부감부터 듭니다. 정서적으로 저항부터 일어나니 책상에 앉히는 것부터 힘이 들지요. 이런저런 설득도 해보고, 하고 싶은 것을 하게 해준다는 협상도 한두 번이지, 매번 이런 식이면 아무리 인내심을 가지려 해도 결국 부모도 폭발할 수밖에 없습니다.

공부가 즐겁다는 정서를 만들어 주려면 미취학 시기 또는 초등 저학년 시기에 '친절한 어른'이 옆에 있어 줘야 합니다. 여기서 친절한 어른이란, 아이가 뭔가 새로운 것을 익히고 배울 때 귀찮아하지 않고 하나씩 상세하게 안내해 주는 어른을 의미합니다. 아이의 현재 능력을 감안해서 눈높이에 맞춰 친절하게 그 과정을 함께 해 주는 어른이 있을 때, 공부 정서가 좋아집니다. 더불어 엄마가 실감 나게 책을 읽어 주면 큰 도움이 됩니다. 엄마의 목소리로 흥미진진한 동화 속 이야기를 실감 나게 느끼는 동안 책에 대한 긍정적 정서가 누적되기 때문이지요. 그런데 친절한 어른과 책 읽어 주기가 효과를 발휘하는 것은 초등 저학년까지입니다.

초등 3학년 이상이 되면 공부 정서를 개선하기가 무척 어렵습니다. 이 시기는 공부 정서보다 공부 습관이 우선입니다. 좋든 싫든 습관을 통해 해내야 합니다. 공부 습관을 통해 해야 할 공부량을 채우고 이를 통해 반복적으로 성취감을 느끼다 보면 그 후에는 공부를 하고 싶다는 공부 정서가 형성됩니다.

초등 중고학년 자녀에게 공부 습관을 길러 주려면, 구체적인 공부량을 제시하고 그 양을 채우는 루틴을 만들어 주는 것이 좋습니다. 공부를 싫어하는 아이에게 수학 문제집 한 권을 풀게 하는 것이 목표라고 가정해 보겠습니다. 보통 수학 문제집을 매일 한 장(2쪽)씩 풀면 3개월 정도면 한 권을 다 풀 수 있습니다. 여기서 중요한 것은 '매일'입니다. 한 장은 그리 많은 분량이 아닙니다. 하루 30분 정도면 할 수 있지요. 그래도 매일 꾸준히 하면 3개월 후에는 한 학기 분량의 수학 문제집 한 권이 끝납니다. 이 경험이 중요합니다. 아이는 스스로 한 권을 다 풀어냈다는 성취감을 느낍니다. 그리고 매일 한 장씩 3개월(90일)을 푸는 동안 수학 문제를 푸는 습관이 들지요. 이렇게 꾸준히 해나가면 긍정적인 공부 정서가 자리하게 됩니다. 푸는 과정이 마냥 즐겁지는 않아도, 내가 뭔가를 해냈다는 그 성취감을 다시 느끼고 싶다는 욕심이 생깁니다.

적은 양이라도 매일 하는 것이 중요합니다. 그리고 한 권을 스스로 끝내도록 해야 합니다. 초반에는 하루 다섯 장씩 하다가 일주일 정도 지난 후 멈추면 소용이 없습니다. 매일 한 장씩 석 달을 꾸준히 해야 합니다. 반복해서 이러한 경험을 하면 스스로 분량을 조금씩 늘리거나 과목을 확장해 나갈 수 있습니다. 그때부터는 자기주도적 학습이 가능해집니다.

05 행동변화 대화법

# 책을 읽지 않는 아이에게 독서 습관을 길러 주는 말

### 평소 이렇게 말하고 있나요?

"평소에 책을 많이 읽어야 해." (X)

"스마트폰 치우고 책 좀 읽어라." (X)

### 이렇게 바꿔 말해 보세요.

"매일 저녁 먹고 나면 소파에서 30분 동안 책을 읽으렴. 엄마도 설거지는 나중에 하고 책을 같이 읽을 거야." (O)

"학교 도서관에서 읽고 싶은 책을 빌려 오렴. 매일 저녁 식탁에서 30분씩 읽을 거야." (O)

"학교 갔다 오면 옷 갈아입고 소파에서 30분간 책을 읽으렴." (O)

# 독서하는 습관은 하버드 졸업장보다 소중합니다.

문해력 격차가 갈수록 심해지고 있습니다. 문해력은 모든 교과목에 영향을 줍니다. 어려운 계산식은 잘 풀면서 서술형 문제는 잘 못 푸는 아이가 많습니다. 그러고는 “선생님 문제가 너무 어려워요”라고 말합니다.

문제가 어려운 게 아닙니다. 독서 부족으로 문해력이 낮아져서 문제 자체를 해석하지 못하는 경우가 대부분입니다. 독서 부족의 이유로는 크게 세 가지를 들 수 있습니다.

첫째, 미취학 시기에 책을 읽어 주지 않아 독서력이 부족해서입니다. 아직 글을 읽지 못하는 시기에 누군가 책을 실감 나게 읽어 준 적이 없다면, 아이들은 책이라는 사물 자체에 흥미를 느끼지 못합니다. ‘책은 재미있는 것’이라는 경험을 해보지 못하고, 더듬더듬 글자를 읽어 가는 어려움 속에서 책을 만난 아이들은 독서를 즐겁지 않은 것이라 여기게 됩니다.

둘째, 스마트폰을 쥐어 주는 순간부터 독서는 거의 불가능해집니다. 심지어 스스로 책을 읽는 '자발적 독서가' 단계에 있던 아이도 스마트폰이 생기면 독서량이 현저하게 떨어집니다. 많은 아이가 문제집을 풀거나 학원에 다니느라 책 읽을 시간이 없다고 하지만, 실제 상황은 그렇지 않습니다. 문제집을 풀고 학원에 다녀도 스마트폰 게임은 합니다. 틈날 때마다 스마트폰을 들여다보느라 다른 것을 할 시간이 없는 것이지요. 하루 10분만 독서를 해도 어휘력을 키울 수 있습니다. 하루 20분 독서를 하면 상당한 어휘력을 갖출 수 있습니다. 하루 30분 독서를 하면 문해력 상위 1% 안에 들 수 있습니다.

셋째, 학습 만화가 독서력을 떨어뜨립니다. 책을 재미있게 읽히기 위해 한자, 과학, 역사 관련 학습 만화를 사 주는 경우가 있습니다. 안타깝지만 학습 만화는 배경지식을 빠르게 쌓는 데는 단기적으로 효과가 있지만, 긴 문장과 문단을 읽는 문해력을 갖추는 데는 도움이 되지 않습니다. 독서력을 키워 주고 싶다면, 학습 만화는 독서 시간에 넣지 않습니다. 우리 아이 수준에 맞는 동화책부터 시작해서 단계적으로 글이 많은 책으로 옮겨 가는 과정을 거쳐야 합니다.

독서력은 저절로 늘지 않습니다. 미취학 시기 엄마나 아빠가 책을 꾸준히 읽어 주면, 아이는 그 후에도 스스로 책을 읽는 즐거움에 빠질 수 있습니다. 초등 1~2학년 때까지는 아이가 글자를 읽을 수 있더라도 매일 책을 읽어 주세요. 책에 대한 좋은 정서를 형성하는 데 도움이 됩니다.

초등 3학년 이상인데 억지로 시켜야 책을 읽거나 평소 독서량이 적다면 지금부터라도 독서 습관을 잡아 줘야 합니다. 무엇이든 습관이 되려면 최소 60일은 반복해야 합니다. 이때 중요한 건 구체적인 방법을 알려 주고, 그 시간을 부모님이 함께해야 한다는 것입니다.

"책 좀 읽어라" 하고 간단하게 말하기보다 언제 어디서 책을 읽어야 하는지를 명확히 알려 주세요. 엄마가 관리해 줄 수 있는 시간에, 아이 방보다는 거실이나 부엌 식탁에서 함께 읽는 것이 좋습니다. 매일 30분 읽기를 목표로 합니다. 그래야 어느 정도 줄거리가 전개되기에 책 읽는 재미를 느낄 수 있습니다.

초등 6학년 학생이 약 100쪽가량의 책을 매일 30분씩 읽으면 1년에 약 100권 정도의 책을 읽을 수 있습니다. 또 평소 아이의 독서량이 적었다면, 6학년일지라도 5학년 또는 4학년 수준의 책 읽기부터 시작하는 것이 좋습니다.

06 행동변화 대화법

# 공포 괴담 책만 읽는 아이에게

### 평소 이렇게 말하고 있나요?

"이런 거 보면 안 좋아." (X)

"무섭게 왜 귀신 이야기 같은 걸 읽냐. 좋은 책이 얼마나 많은데." (X)

"과학책, 역사책 같은 걸 읽어. 그런 무서운 책 보지 말고." (X)

### 이렇게 바꿔 말해 보세요.

"이거 애니메이션으로 나왔던데, 같이 보러 갈까?" (O)

"아빠 어릴 때는 <전설의 고향>이라는 프로그램이 있었어. 으으, 이불을 뒤집어쓰고 볼 정도로 무서웠지. 그런데 이상하게 매주 또 보고 싶더라." (O)

# 무서운 이야기는 안전한 청소부입니다.

저학년 아이들은 '똥' 이야기를 좋아합니다. '똥' 소리만 나와도 웃고 난리지요. 그러다 3학년 정도가 되면 무서운 이야기나 괴담에도 관심을 보입니다. '유령 아파트', '학교 괴담' 같은 종류입니다. 유튜브로 잔인한 장면이 나오는 영상을 보기도 하지요.

무서운 소재의 이야기가 아이들 정서에 안 좋은 영향을 미치지는 않을지 걱정하는 부모님이 있습니다. 물론 미취학 아동에게, 또 취학 아동이라도 극도의 공포감을 유발하는 이야기는 좋지 않습니다. 하지만 뭔가 신비로운 느낌을 주거나 '정말 그럴 수도 있을까, 귀신이 있을 수도 있겠구나' 하는 식의 이야기는 아이들에게 이전에 경험해 보지 못한 새로운 감각을 느끼게 해줍니다. 즉 적당한 무서움은 평소 느낄 수 없는 다채로운 감정을 인지하게 해줍니다.

두려움은 사실 '살고 싶다'는 강한 표현입니다. 인류학자들은 공포와 두려움을 두고 '인류 생존의 중요한 내적 기제'라고 표현합니다. 두려움을 느꼈기에 위험한 상황을 모면할 수 있었고 살아남을 수 있었다는 것이지요. 덕분에 험난한 인류사를 거치면서도 인간은 지금껏 문명을 이루고 생존할 수 있었습니다. 즉 '공포'는 표면상으로는 부정적인 감정이지만 현실적으로는 생존력을 키워 줍니다.

한편 심리학자들은 두려움을 통해서도 욕구를 충족시킬 수 있다고 봅니다. 무서운 이야기는 오싹하고 겁이 나지만 재미있고, 두근두근한 불안감을 느끼면서도 예기치 못한 반전에 짜릿해집니다. 그리고 깜짝 놀라 소리를 지르는 순간에 무엇인가 억압된 것이 해소되는 기분도 들지요. 일종의 카타르시스입니다. 아이의 내면에는 무서운 상황을 마주하고 싶은 충동과 욕구가 내재되어 있습니다. 공포감을 통해 무엇인가를 분출할 수 있다는 본능적 기대감을 갖고 있는 것이지요. 그래서 자신도 모르게 그 공포감을 따라갑니다.

카타르시스는 '정화', '배설'을 뜻하는 그리스어에서 왔습니다. 아리스토텔레스의 <시학>에 등장하는 용어입니다. 일반적인 철학 서적에서는 일종의 정신적 승화작용으로 해석하지만, 프로이트적인 관점에서는 원래의 뜻인 정화와 배설에 초점을 둡니다.

아이들의 내면에도 청소해야 할 혹은 제거해야 할 심리적 쓰레기가 있습니다. 그런데 그 방법을 잘 모르니, 게임이나 자해에 빠져드는 경우도 많습니다. 그런 방법으로는 해소되지 않고 잠시 잊히는 것뿐인데 말이지요. 해소되지 않은 감정은 또다시 중독을 부릅니다. 때로 폭력으로 표출되기도 합니다. 어떻게 어린아이가 저렇게까지 할 수 있을까 싶을 만큼의 학교폭력이 일어나기도 하는데, 이는 잘못된 방식의 카타르시스라고 할 수 있습니다.

공포영화, 무서운 이야기, 잔혹동화, 스릴러 소설 등을 통한 카타르시스는 마음속 쓰레기를 안전하게 배출해 주는 역할을 합니다. 게임 중독이나 자해, 폭력과 같은 잘못된 방법에 빠져들지 않도록 해줍니다.

많은 부모가 자녀에게 무엇을 더 해줄지를 고민하지요. 그런데 그 반대 측면도 중요합니다. 해주는 것만큼 비워 주기도 해야 합니다. 많은 아이가 타인의 욕구를 과잉섭취하고 있습니다. 그중 자신의 욕구를 선별하고 나머지는 버릴 줄 알아야 합니다. 그것이 바로 카타르시스입니다.

우리 아이가 어떤 방식으로 카타르시스를 느끼면 좋을지 고민해 보세요. 아빠와 농구를 함께하는 것도 좋지만, 가끔은 함께 스릴러나 좀비 영화를 보는 것도 좋습니다. 공포감이 해소되는 결말을 보면서 깊은 무의식이 청소됩니다.

07 행동변화 대화법

# 경계선 지능인 아이에게

### 평소 이렇게 말하고 있나요?

"빨리 좀 해." (X)

"다른 애들은 다 끝냈잖아." (X)

"방금 얘기했잖아." (X)

### 이렇게 바꿔 말해 보세요.

"천천히 해도 돼." (O)

"좋아. 그렇게 한번 더 해보자." (O)

"잘했어. 꾸준히 계속해 보자." (O)

## 나만의 속도로 느리게 걸을 때
## 더 먼 곳까지 도달할 수 있습니다.

보통 IQ 70 이하를 지적장애로 봅니다. 그런데 지적장애까지는 아닌데 일상 속에서 학습 속도가 느리고 복잡한 일을 해결하는 데 무척 어려움을 겪는 아이들이 있습니다. 넓은 의미로 느리게 학습을 따라가는 아이라고 해서 '느린 학습자'라고 부릅니다. 공식적으로는 표준지능검사 결과 IQ 71~84에 해당하는 아이들로 경계선 지능 아동이라고 합니다.

경계선 지능 아동은 단순한 일은 무리 없이 해내지만 복잡한 일을 하기 어려워합니다. 인구통계학적으로 볼 때 전체의 약 13.5%가 경계선 지능에 해당됩니다. 학급에서 보면 30명당 세 명 정도입니다. 적은 인원이 아니지요. 최근 3년 사이(23년 기준) 서울 초등학생 중 경계선 지능으로 상담받은 학생이 5.4배, 관련해서 난독증 상담은 7.4배가 늘었다는 발표가 있었습니다.

경계선 지능 아동은 인지적 측면에서만이 아니라 학습, 행동, 정서적 측면에서도 어려움을 겪습니다. 사회적 미성숙, 집중력 부족, 소외감이 주된 문제로 나타나고, 특히 개념 이해나 추상적 사고를 무척 어려워하지요. 어떤 문제를 해결하려면 전략이나 계획이 필요한데, 그런 과정을 거의 수행하지 못합니다. 잘 못 알아듣고 실수가 잦으니 심리적으로 위축되어, 결국 정서적 문제도 함께 나타납니다. 엄마나 아빠에게 전적으로 의존하려는 성향을 보이기도 합니다. 자신의 욕구가 잘 채워지지 않으니 애정이나 관심을 갈구하기도 합니다.

인지적으로 이해가 잘 안 되니 방어기제가 작동해서 충동성이나 공격성을 보이기도 합니다. 주변에서 부정적인 시선을 많이 받다 보니 학년이 올라갈수록 우울 수치가 높게 나오는 경향이 있습니다.

경계선 지능 아동에게 꼭 해줘야 할 말이 있습니다. 바로 "천천히 해도 괜찮아"입니다. 인지적으로 이해하고 수행하는 데 오래 걸릴 뿐이지 못 하는 것은 아니기 때문입니다. 다른 아이와 비교하면서 아이에게 실망감을 표현하지 마세요. 그 대신 아이의 속도에 맞춰 천천히 알려 주세요. 한꺼번에 여러 가지를 진행하지 말고 하나를 하더라도 상세하게 설명하고, 아이가 꾸준히 할 수 있도록 기회를 주고 안내하는 것이 중요합니다. 아이의 행동이 성에 차지 않을지라도 가장 답답한 사람은 아이라는 걸 기억하세요. 그리고 오래 걸리더라도 꾸준히 하면 결국에는 목표점에 도달할 수 있다는 것을 아이가 깨달을 수 있도록 도와주세요.

또 독서를 할 때는 부모가 읽어 주고 책 내용을 설명해 주는 과정이 필요합니다. 혼자서 책을 읽다가는 그냥 글자만 읽고 내용은 이해하지 못하고 넘어갈 가능성이 크기 때문입니다. 경계선 지능 아동은 꾸준한 독서와 독후 활동으로 사회성 및 인지적 성취를 이루는 경우가 많으니 함께 책을 읽으며 차근차근 대화하는 시간을 가지면 좋습니다.

만들기 등도 찬찬히 알려 주면 끝까지 해낼 수 있습니다. 느긋한 마음으로 마지막 단계까지 옆에서 알려 주고, 스스로 해낼 때까지 기다리고 칭찬하면 아이는 멈추지 않고 해냅니다. 경계선 지능 아동이라도 뛰어난 성과를 낼 수 있고, 소위 좋은 대학에도 많이 진학합니다. 경계선 지능 아동에게는 시간이 필요할 뿐, 못 할 것은 없습니다.

08 행동변화 대화법

# 글쓰기를 어려워하는 아이에게

## 평소 이렇게 말하고 있나요?

"아직 한 줄밖에 못 썼어?" (X)

"아니, 아직 시작도 못 한 거야?" (X)

(아이가 글을 쓰는 중간에) "이거 글자가 틀렸잖아." (X)

## 이렇게 바꿔 말해 보세요.

"네가 좋아하는 짜장면의 식감을 글로 표현해 봐." (O)

"오늘 점심 때 누구랑 뭐 하면서 놀았는지 떠올리면서 적어 봐." (O)

"이것 봐, 네가 그동안 짤막하게 적었던 글을 이어 붙이니까 긴 글이 완성되었잖아." (O)

## 완벽한 문장을 찾지 마세요.
## 떠오르는 생각을 적어 보는 것으로 충분합니다.

수행평가의 형식이 과정 중심으로 바뀌면서 토론 및 글쓰기 능력이 더욱 요구되고 있습니다. 발표뿐 아니라 자료 정리, 결과 도출 과정까지 모두가 수행평가에 들어갑니다. 글쓰기를 어려워하는 아이들은 이러한 모든 과정에서 애를 먹습니다. 글을 쓴다는 건 생각을 정리한다는 의미이기도 합니다. 두서없이 흩어져 있는 생각의 흐름을 문장이라는 형식으로 정리해 두는 것이지요. 잘 정리된 내용은 추후 토론을 할 때 아주 좋은 재료가 됩니다.

학교에서는 주제를 제시하고 그에 맞춰 글쓰기를 하도록 합니다. 보통 글쓰기 수업은 2차시 연속(40분 × 2차시)으로 진행합니다. 주제와 관련된 자료를 찾고, 자료를 논리적으로 연결하고, 생각을 정리해서 결론까지 전개하려면 2차시도 빠듯한 편이지요.

글쓰기 능력은 아이마다 편차가 심합니다. 이미 다양한 배경지식과 어휘력, 논리력, 상상력을 갖춘 아이는 수업이 끝나기 전에 훌륭한 글을 완성합니다. 선생님의 눈으로 봐도 글이 탄탄해서 감탄이 나올 정도지요.

하지만 어떤 아이는 2차시가 지나도록 한 줄도 채우지 못합니다. 공책을 보면 나름 쓰긴 쓴 것 같은데 다 지워서 흔적만 남아 있습니다. 결론적으로 아무 글도 남지 않은 것이지요. 그나마 쓰다가 지우기를 반복한 아이는 그 과정에서 열심히 뭔가를 생각하긴 한 것입니다. 아예 한 글자도 쓰지 못하는 아이도 있습니다.

같은 초등 6학년일지라도 어떤 아이는 대학생 수준의 글쓰기를 하고, 어떤 아이는 초등 1학년생보다 못한 글쓰기를 합니다. 10년 이상이나 글쓰기 실력에서 차이가 나는 것이지요.

자녀가 글쓰기를 어려워하고 또래에 비해 작문 실력이 너무 떨어진다고 생각되면, 글쓰기 연습을 할 수 있도록 도와줘야 합니다. 매일 기록을 남기는 것이 중요합니다. 아이들은 주로 경험에 의존해서 배경지식을 쌓지요. 그 경험은 아주 좋은 글쓰기 소재가 됩니다. 그러니 글쓰기 연습을 시작할 때는 아이의 경험에 눈높이를 맞춰서 글쓰기 주제를 제공하는 것이 좋습니다.

예를 들어 축구를 좋아하는 아이에게는 '축구공'이라는 주제를 줍니다. 단, 아이가 아직 글쓰기에 익숙하지 않다면 범위를 조금 더 구체적으로 한정해서 제시합니다. 오늘은 축구공의 모양을 글로 표현해 보라고 하고, 내일은 축구공에 맞았을 때의 느낌을 적어 보라고 하는 겁니다. 다음 날은 축구공을 발로 찰 때는 어디를 어떻게 차야 하는지 적어 보라고 합니다. 이런 식으로 축구공과 관련된 구체적인 질문을 제시하고 매일 조금씩 적어 보게 하세요. 이 작업을 충분히 한 후에는 이제 그간 적었던 내용을 보면서 '축구공'이라는 하나의 주제로 긴 글쓰기를 해봅니다. 그동안 적었던 짧은 글을 붙이고 이어 나가면 긴 글이 됩니다.

글쓰기 연습을 시키면서는 "너는 왜 그렇게 생각이 잘 안 돌아가느냐"고 핀잔하지 않습니다. 느리더라도 생각하고 그것을 글로 표현한다는 것이 중요합니다. 흐름이 끊기니, 글을 쓰는 중간에는 맞춤법이나 띄어쓰기 지적도 하지 마세요. 맞춤법 등은 글을 다 쓰고 난 다음에 살펴보면 됩니다. 글의 양과 관련해서도 못마땅하다는 반응을 보이지 마세요. 양이 적어도 괜찮습니다. 매일 꾸준히 쓰는 것이 중요합니다.

09 행동변화 대화법

# 아이의 메타인지를 높여 주려면

## 평소 이렇게 말하고 있나요?

"복잡하게 뭘 그리 생각하니?" (X)

"그냥 하라는 대로 하면 되는 거야. 생각할 필요도 없어." (X)

"쓸데없는 생각 하지 말라니까." (X)

## 이렇게 바꿔 말해 보세요.

"만약 이 영화 주인공과 똑같은 상황에 놓여 있다면 너는 어떻게 할 거 같아?" (O)

"이번 시험 점수가 좋지 않았던 이유가 뭐라고 생각하니?" (O)

"이 샤프를 골랐네. 어떤 점이 마음에 들어서 선택한 거야?" (O)

## 누구나 스스로를 이해하는 만큼만 현명한 선택을 할 수 있습니다.

메타인지는 '나를 떨어뜨려 놓고 바라보는 또 다른 나의 시선'을 의미합니다. 메타인지가 높은 아이들은 자기 감정을 잘 읽습니다. 정확히 표현하면 스스로의 감정과 상태를 잘 알아차립니다.

'내가 지금 화났구나.' '내가 지금 슬프구나.' '내가 지금 억울한 감정이 드는구나.'

메타인지를 통해서 자신의 학습력도 점검할 수 있습니다.

'내가 1단원 수학 개념이 부족하구나.'

'이 정도 범위면 10일 동안 두 시간씩 공부하면 될 것 같은데.'

'이번 시험에서 성적이 대략 80점 정도 나올 것 같아.'

도전했지만 실패한 일을 올바르게 분석할 줄도 압니다.

'시간 조절을 잘못해서 생각보다 공부를 많이 못 했어. 다음에는 시간을 좀 더 확보해야겠다.'

'재료 계산을 잘못했어. 다음에는 더 여유 있게 준비해야 해.'

이처럼 메타인지는 스스로의 상태를 점검하는 아주 중요한 능력입니다. 아이의 메타인지 능력을 향상시키기 위해서는 메타인지의 작동방식을 바탕으로 질문을 자주 해주면 좋습니다.

아이가 어떤 것을 선택하면 왜 그런 선택을 했는지 물어봅니다. 이때 '그냥', '좋아서', '마음에 들어서' 등의 단순한 대답을 하면, 조금 더 구체적으로 대답할 수 있도록 도와주세요. 어떤 점이 좋았는지, 이 선택을 하면 뭐가 좋을 거라고 생각했는지, 어떤 결과를 예상했는지 등을 추가적으로 물어보면서 선택의 이유를 구체적으로 찾아내고 답할 수 있게 이끌어 줍니다. 이렇게 자기 생각을 구체적으로 정리하는 동안 메타인지가 작동하고 그 과정에서 자신을 객관화할 수 있습니다. 그 선택이 제대로 된 선택이었는지, 별다른 이유 없는 즉흥적인 선택이었는지 등도 알게 되지요.

하루를 마치면서 오늘 무엇이 아쉬웠는지, 어떤 점이 좋았는지, 별다른 감흥이 없었다면 내일 어떤 것을 추가하면 좋을지 등에 대해 대화하는 것도 좋은 방법입니다.

책을 읽고 등장인물에 대해 함께 이야기를 나누는 방법도 추천합니다. '만약 나라면'이라는 가정을 통해 등장인물의 입장이 되어 생각해 보는 동안 메타인지가 활성화되거든요. 아이가 자신을 객관적으로 바라보고 생각할 수 있도록 도와주세요.

10 행동변화 대화법

# 알찬 여름방학을 보내려면

### 평소 이렇게 말하고 있나요?

"여름방학인 데 좀 쉬렴." (X)

"하루 시간표를 정해서 그대로 해야 해." (X)

"방학이니까 국어, 영어, 수학 2학기 진도 문제집 다 풀어야 해." (X)

### 이렇게 바꿔 말해 보세요.

"이번 주에 무엇을 할지 계획을 세워 보렴." (O)

"1학기 수학 단원별로 종합문제를 풀어 볼 거야. 현재 상황을 파악해야 부족한 부분을 보충할 수 있거든." (O)

"학원 끝나면 도서관에 들러서 책을 읽고 오렴." (O)

# 여름방학은
# 하나에 집중하는 기간입니다.

'방학 동안 좀 쉬게 해줘야지' 하고 생각할 수도 있습니다. 학교에 다니는 동안 아이도 나름대로 스트레스가 쌓였을 테고, 공부하랴 친구 관계 맺으랴 고생을 했으니까요. 하지만 그런 생각은 결국 아무것도 하지 않고 아이를 방치하는 결과를 낳기 쉽습니다. 그 시간에 아이들은 스마트폰을 보면서 지내지요. 하다못해 놀더라도 무엇을 하며 놀지가 명확해야 합니다. 학습을 하든, 책을 읽든, 영화를 보든, 만들기를 하든, 여름방학 때는 하나에 집중하면서 30일 동안 성장에 집중할 수 있도록 해주기를 권합니다. 특히 여름방학 기간에 학습격차가 벌어지기 쉽기 때문에 유의해야 합니다.

그렇다고 너무 욕심을 내서도 안 됩니다. 학습에 관해서라면, 부족하거나 업그레이드가 필요한 부분에 집중적으로 시간을 투자하는 것이 좋습니다. 예를 들어, 이번에 영어 단어를 정복해서 영어에 자신감을 높여 주고 싶다면, 수학이나 국어는 현재 상태를 유지할 수 있을 정도의 최소 분량을 공부하고 초등 영단어 책 한 권을 끝냅니다. 한 달이면 충분히 가능합니다. 아이도 뭔가를 끝냈다는 성취감을 얻을 수 있습니다. 영어, 수학, 국어 모두 다 해야 할 것 같아 이것저것 하다 보면, 제대로 한 것 없이 가을이 옵니다.

수학의 경우는 문제집을 선정하고 단원별로 종합문제를 풀게 합니다. 80점대 후반에서 100점 사이면 통과, 60~70점대면 그 단원을 복습합니다. 60점대 미만이라면 해당 단원의 이전 학년 과정부터 다시 공부해야 합니다. 수학은 관련 개념과 계산 과정을 모르면 그 이후의 과정은 따라갈 수가 없습니다. 그래서 꼭 확인하고 넘어가야 합니다.

방학 계획은 일주일 단위로 세우는 것이 좋습니다. 일주일 동안 해야 할 것들의 목록과 분량을 적도록 합니다. 대략 월, 화에는 무엇, 수, 목에는 무엇 하는 식으로 계획하고 일주일이 지난 후에 점검해 봅니다. 점검하면서 계획보다 부족한 부분이 있다면 보완하고, 여유가 있는 부분은 분량을 늘리는 식으로 새로운 일주일의 계획을 세웁니다. 아직 메타인지가 부족한 아이들은 자신의 적정량을 몰라서 무리한 계획을 세우거나 반대로 너무 여유로운 계획을 세우곤 합니다. 일주일의 공부 분량을 어느 정도 비슷하게 맞춰 가는 과정이 필요한데, 스스로 계획을 세우고 실천한 후 일주일마다 보호자가 함께 점검해 주면 좋습니다. 이처럼 방학 때 계획하고 점검하는 습관을 들이면, 고학년쯤이 되면 학기 중에 주간계획을 스스로 세울 수 있습니다.

무엇을 어떻게 해야 할지 모르겠다면, 집에서 가장 가까운 도서관에 데리고 가면 됩니다. 요즘 어린이 도서관은 엎드려서 책을 읽을 수도 있고 소파에 기대어 읽을 수도 있습니다. 그렇게 오전에 책 읽고, 점심 되면 맛있는 짜장면 사 주고, 다시 오후에 책을 읽거나 도서관에서 시행하는 프로그램에 참여하게 해주면 그것만으로도 어느 정도 알찬 여름방학을 보낼 수 있습니다.

학원에 다니는 아이라면 학원 가기 전후에 가까운 도서관에 머물게 하면 무척 도움이 됩니다. 도서관의 많은 책 가운데 내가 읽을 만한 책을 고르는 작업부터가 인지력 향상에 상당한 도움을 줍니다. 책을 고르는 활동 자체가 구분과 분류에 대한 개념을 익히고 활용하는 데 도움이 됩니다. 가까운 도서관에 가서 최소 두세 시간 머물기, 여름방학에 가장 권장하는 활동입니다.

개인적으로 여름방학 때는 체험학습을 별로 권하지 않습니다. 어딜 가나 덥고 사람이 많으니까요. 체험이 아이들에게 유의미한 학습이 되려면 시간이나 공간적으로 여유가 있어야 합니다. 체험학습은 학기 중 봄, 가을 주말이나 평일에 가정체험신청서를 내고 하면 여유롭게 진행할 수 있습니다. 그때 미술관, 박물관, 과학관, 천문대 등을 체험하는 것을 권합니다.

11 행동변화 대화법

# 알찬 겨울방학을 보내려면

## 평소 이렇게 말하고 있나요?

"겨울방학인데 늦잠도 좀 자고 그래야지." (X)

"엄마 회사 다녀올 테니까 집에서 잘하고 있어." (X)

## 이렇게 바꿔 말해 보세요.

"매일 저녁에 한 시간씩 책을 읽도록 하자. 겨울방학 끝나면 꽤 많은 책을 읽게 될 거야. 한 시간 읽고 나면 여기 표에 스티커를 붙이렴." (O)

"방학 중 학교 방과후 프로그램에서 농구랑 바이올린을 배울 거야." (O)

"이번 방학 동안 초등 영어 문법책 두 번 읽는 걸 목표로 할 거야. 방학이 끝나면 영어 기본 문법은 체계가 잡힐 거야." (O)

## 겨울방학을 놓치면 1년의 격차가 생깁니다.

학교마다 지역마다 겨울방학 체제가 다릅니다. 이전에는 12월 말에 시작해서 1월 말까지 방학을 하고, 잠시 학교에 나왔다가 봄 방학을 하고 새 학년으로 올라가는 경우가 많았지요. 요즘에는 1월 초에 종업식, 졸업식을 하고 3월에 새 학년 올라갈 때까지 겨울방학을 하는 학교가 점차 늘고 있습니다. 어떤 방식이든 겨울방학은 거의 두 달에 가까운 기간입니다. 그러다 보니 초등 시기 겨울방학을 매번 어떻게 보내느냐에 따라 자녀의 성장 발달에 큰 격차가 벌어집니다. 결코 소홀히 해서는 안 되는 기간이지요.

겨울방학이라는 긴 기간 동안 집에서 엄마나 아빠가 관리하고 교육한다는 생각은 내려놓는 것이 좋습니다. 의지력이 정말 많이 필요하고, 성공 케이스가 많지 않기 때문입니다. 방학 동안 누군가가 집에서 관리해 줄 수 있는 여건이 된다고 해도, 학교 윈터캠프나 방과후 프로그램에 보내는 것을 권장합니다. 꼭 학습과 관련된 것이 아니더라도 악기, 운동, 만들기 등 활동적이면서 뭔가 배울 수 있는 프로그램이 많습니다. 초등 시기에는 다양한 경험이 중요하기 때문에, 겨울방학을 집에서 챙기기에는 한계가 분명합니다.

가장 안 좋은 상황은 아이 혼자 집에 있는 것입니다. 고학년이 되면 엄마가 미리 준비해 놓은 밥 정도는 챙겨 먹을 수 있습니다. 문제는 대부분 그냥 스마트폰만 보면서 귀중한 시간을 보내 버린다는 것입니다. 물론 엄마가 시키는 대로 문제집을 풀기도 하지요. 하지만 대충 끝내 놓고, 인터넷 게임을 하며 친구들과 몇 시간씩 놉니다. 그렇게 1, 2월을 보내고 새 학년이 되면, 남은 초등학교 기간 내내 게임에서 못 빠져나옵니다. 학교 방과후 프로그램이나 돌봄교실을 신청해서 어른의 시선 안에 머물면서 배우거나 활동하는 시간을 마련해 주는 것이 좋습니다. 고학년은 혼자 집에 있을 수는 있지만, 아직 자기조절력이 제대로 형성된 시기는 아닙니다. 누군가 관리해 주지 않으면 대부분 안 좋은 습관이 들기 쉽습니다. 겨울방학을 그렇게 보내고 나면 변화하기가 정말 어렵습니다.

겨울방학 직전 부모님이 방향을 설정하는 데 도움이 될 기준 세 가지를 말씀드리겠습니다.

첫째, '이번 겨울방학에 우리 아이는 어떤 성취감을 맛볼 수 있을까?'를 고민해 보기 바랍니다. 특히 눈에 보이는 성취감이 좋습니다. 문제집 한 권을 스스로 풀거나, 매일 꾸준히 줄넘기 연습을 하고 그 개수가 점점 늘어나는 과정을 표로 작성하거나 스티커를 붙여 확인하는 것도 좋습니다. 소소한 활동이라도 방학 동안 성취감을 느낄 수 있을 만한 활동을 정해, 실천할 수 있도록 도와주세요.

둘째, '충분한 독서를 할 수 있는가?'를 고려합니다. 여기서 충분한 독서란 최소 한 시간을 말합니다. 학기 중에는 하루 30분 정도를 권하지만 겨울방학 때는 몰입해서 읽기를 권합니다. 권수를 기준으로 잡지 말고 꼭 시간을 중심으로 생각하기 바랍니다. 몇 권을 읽는다는 기준을 잡으면 얇은 책 몇 권을 읽고 끝내기 쉽습니다.

셋째, '규칙적인 생활 유지에 도움이 되는가?'를 고민합니다. 안타깝지만 아이들의 좋지 않은 생활 습관 대부분이 겨울방학 때 생깁니다. 반복된 행동은 습관으로 굳어집니다. 규칙적인 생활만 유지해도 나쁜 생활 습관으로부터 우리 아이를 보호할 수 있습니다.

여름방학이 한 가지에 몰입해서 성취를 이루기 좋은 때라면, 겨울방학은 두세 가지에 몰입할 수 있을 만큼 기간이 깁니다. 그런 만큼 좋은 습관을 몸에 익히기에도 충분한 시간이지요. 겨울방학을 놓치면 1년을 놓친다는 생각으로 촘촘히 계획을 잡고 실행할 수 있는 환경을 만들어 주기 바랍니다.

12 행동변화 대화법

# 인공지능을 마주하는 아이에게 들려 줘야 하는 말

**평소 이렇게 말하고 있나요?**

"글쓰기 숙제를 챗GPT로 하면 안 돼." (X)

"문제집 풀고 공부해. 챗GPT에 쓸데없는 거 물어보지 말고." (X)

"뭘 그리 복잡하게 생각하니, 인공지능이 답변한 것 중에서 하나 선택하면 되지." (X)

**이렇게 바꿔 말해 보세요.**

"챗GPT를 활용해서 글쓰기 숙제를 하더라도, 꼭 네 생각과 느낌을 반영해서 주체적으로 글을 쓰렴." (O)

"어떤 질문을 하느냐가 중요해. 좋은 질문을 하려면, 책을 읽고 깊이

생각해야 한단다." (O)

"인공지능을 보조 도구로 잘 활용하는 것이 중요해. 인공지능을 활용하더라도 사람과의 대화와 교류가 중요하다는 것을 절대 잊지 마." (O)

"인공지능의 답변이 틀릴 때도 있어. 정보가 사실인지 아닌지 생각해 보고, 검색 등을 통해 검증하는 습관이 필요해." (O)

# 인공지능 시대일수록
# 기본이 탄탄한 아이가 두각을 드러냅니다.

초등학생이 얼마나 인공지능 프로그램을 사용하는지에 대한 공식적인 통계는 아직 없습니다. 6학년 우리 반 아이들에게 챗GPT를 알고 있는지 물어봤습니다. 스물네 명 중 열세 명이 손을 들었습니다. 사용해 본 사람이 있느냐고 물었더니 다섯 명이 손을 들었습니다. 학원 글쓰기 숙제, 영어 번역 숙제 등에 이용하기도 하고, 혼자 수학 공부를 하면서 공식이나 원리를 물어보기도 한다고 했습니다. 또 혼자 놀기 심심해서 챗GPT에 이것저것 궁금한 것을 물어본다고 했습니다.

인공지능 프로그램의 가장 큰 장점은 모르는 사안에 대해 대화하듯 질문할 수 있고, 즉각적인 답변을 받을 수 있다는 것입니다. 아이들은 질문이 많지요. 그 질문에 귀찮아하지 않고 즉각적으로 대답을 해주니 아이 입장에서는 인공지능이 친절하게 느껴집니다. 특히 대화형 인공지능은 자유연상 속도가 빠른 아이들에게 매우 즐겁게 느껴집니다. 또한 개인별 맞춤 지원이 가능하다는 것도 장점입니다. 챗GPT에 뭔가를 물어봤는데 답변에 모르는 말이 나오면 바로 그 뜻을 더 쉽게 풀어 달라고 요청할 수도 있지요.

챗GPT는 열 번을 물어봐도, 100번을 물어봐도 계속 답변해 줍니다. 실제 사람과의 상호작용과는 매우 다르지요. 챗GPT에 길든 상태에서 타인과 대화한다면, 겉으로는 드러나지 않지만 내면에서 복잡하게 작용하는 감정선을 이해하기 어려울 수도 있습니다. 그렇기 때문에 챗GPT를 사용하되, 진짜 사람과의 상호작용 기회 역시 충분히 마련해 줘야 합니다. 특히 감정이 발달하는 과정에 있는 초등학생에게는 타인과의 직접적인 교감이 더욱 중요합니다.

챗GPT는 요약, 정리, 편집 기능이 탁월합니다. 그리고 다양한 관점의 의견을 거의 무한에 가깝게 나열해 줍니다. 물어볼 때마다 계속 새로운 정보를 제공해 줍니다. 정말 좋은 비서입니다. 그렇기 때문에 아이들이 거기에 의지하면 사고능력을 기르는 데 소홀할 수 있습니다. 결국에는 내가 선택하고 비판적 시선을 유지하면서 변화해 나가야 하는데 챗GPT의 답변 중에서 쉬운 선택지를 고르는 과정을 반복하면, 주체적 삶의 여정이 훼손될 수 있습니다. 챗GPT를 이용해서 정보 접근 및 편집의 시간은 최소화하되, 직접 그 자료를 수정 보완하고, 답변의 가치를 스스로 판단하는 주체성을 발휘해야 인공지능의 부작용을 넘어설 수 있습니다.

AI가 발달할수록 기본에 충실한 교육이 필요합니다. 기본이 단단해야 무엇이 옳고 무엇이 그른지, 나에게 맞는 것은 무엇인지 제대로 선택할 수 있을뿐더러 애초에 인공지능을 활용하는 능력을 결정짓는 질문도 잘할 수 있기 때문입니다. 지금의 초등 아이들은 그 어느 때보다 인문적 소양을 키워 주는 독서, 공감의 정서를 풍성하게 해주는 가족과의 소통, 사고를 자극하는 수행과제, 질문하면서 파고드는 논리-추리-토론 등의 과정을 충실히 실천해야 합니다.

빠른 변화에 두려움과 불안을 느끼기보다 우리 아이가 자연 체험, 독서, 문화적 경험을 충분히 누리고 느낄 수 있도록 해주세요. 그럴 때 인공지능의 도움을 받아서 더 큰 역량을 발휘할 수 있을 것입니다.

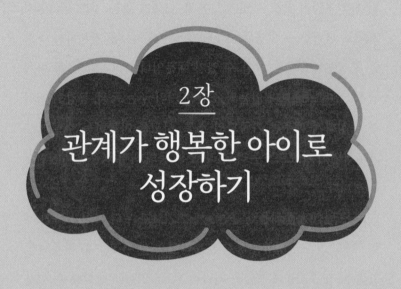

## 2장

# 관계가 행복한 아이로 성장하기

- 원만한 친구 관계를 맺게 해주려면
- 아이 마음에 강한 질투가 작용한다면
- 친한 친구가 없어 힘들어 하는 아이에게
- 학급회장이 되고 싶어 하는 아이에게
- 전학으로 불안해 하는 아이에게
- 아이가 학교에 가기 싫다고 말할 때
- 일상에서 아이의 자존감을 높여 주려면
- 자신감이 부족한 아이에게
- 자기 감정을 잘 표현하지 못하는 아이에게
- 다른 사람의 눈치를 너무 보는 아이에게
- 자기 할 말을 못 하고 삭이는 아이에게
- 아이와의 애착 관계가 불안정하다고 느낄 때

13 행동변화 대화법

# 원만한 친구 관계를 맺게 해주려면

### 평소 이렇게 말하고 있나요?

"겨우 그런 걸로 화를 낸 거야?" (X)

(고맙다는 표현 대신) "해야 할 일을 한 건데, 칭찬해 줘야 해?" (X)

(미안하다는 표현 대신) "엄마도 잘못할 수 있지. 넌 뭐 맨날 잘하니?" (X)

### 이렇게 바꿔 말해 보세요.

"친구가 그렇게 말해서 무척 서운했구나." (O)

"고마워. 덕분에 엄마 손을 덜었네." (O)

"미안해. 아빠가 오해했네." (O)

# 감정을 읽으면
# 관계가 열립니다.

친구 관계가 원만한 아이들은 공통적으로 '감정 지능'이 높습니다. 나 자신과 타인의 감정을 인지하고, 이해하며, 관리하고 활용하는 능력이 바로 감정 지능입니다.

영희가 있습니다. 현장체험 가는 날, 버스에 탑승했는데 단짝 민지가 다른 아이랑 앉아 있습니다. 배신감이 몰려옵니다. 감정 지능이 낮으면 영희는 자신의 감정 상태를 객관화할 수 없습니다. 일단 화난 자신을 인지해야 하는데 현장체험을 하는 내내 괴롭다는 생각에만 매몰됩니다. 감정 지능이 높은 아이들은 불편한 자기 감정을 인지하고 이해합니다. 그리고 상대방에게 자신의 감정을 솔직하게 표현합니다. "민지야, 잠깐 나랑 이야기 좀 할래? 나는 버스에서 너랑 당연히 같이 앉을 줄 알았는데 말없이 다른 애랑 앉아서 서운했어." 그 말에 민지가 이유를 말하겠지요. 그러면 금방 오해가 풀리거나, 아니면 민지가 다른 친구를 더 원한다는 사실을 확실히 알게 됩니다. 이 과정을 거치고 나면 더 친해지거나 아니면 빨리 포기할 수 있습니다.

아이의 감정 지능을 키우려면 곁에서 감정을 읽어 주는 어른이 있어야 합니다.

“아, 그래서 화난 거였구나.” “아, 그래서 눈물을 흘렸구나.” “아, 소리를 칠 정도로 기뻤구나.”

반대로 이런 표현을 자주 하면 감정 지능이 낮아집니다.

“아니, 겨우 그런 일로 화낸 거야?” “그까짓 일로 운다고?” “뭐 그런 일로 그렇게 좋아하고 난리야? 시끄럽게.”

감정 지능이 정말 높은 아이는 상대방의 기분을 알아채는 데서 그치지 않고 그 이유까지 헤아립니다. 저는 이런 아이를 ‘세밀한 공감자’라고 부릅니다. 예를 들어, 같이 공놀이를 하던 철수가 화가 났다는 사실과 그 이유를 포착하고는 “철수야, 이번에 코너킥은 네가 차. 계속 영수만 찼으니까” 하고 말합니다. 그 말을 듣는 순간 철수는 기분이 풀립니다.

타인의 감정에 잘 공감하지는 못해도 관계를 잘 맺고 원만히 유지하는 아이들이 있습니다. 이 아이들은 실수나 잘못을 했을 때

"미안해"라고 빠르게 사과합니다. 그러면 상대 아이도 금방 마음을 풀고 언제 그랬냐는 듯이 바로 같이 놀지요. 우리 아이가 공감력은 좀 부족하더라도 잘못을 인정하는 모습을 보이면 "네가 그렇게 말하니 엄마, 아빠 화가 누그러지네"라고 이야기해 줍니다. 그러면 아이는 잘못을 인정하는 것이 부끄러운 일이 아니라, 타인과 좋은 관계를 유지하는 현명한 방법이라는 것을 체감하게 됩니다.

친구와 원만하게 지낼 수 있는 아주 단순한 방법이 있습니다. 감사함을 자주 표현하는 것이지요. 2010년 펜실베이니아대학교 아담 그랜트Adam Grant 조직심리학 교수와 하버드 경영대학원 프란체스카 지노Francesca Gino 행동과학 교수가 함께 실험을 했습니다. 그 결과 '누군가 내게 감사하다는 표현을 하면 다음에 또 그 사람에게 도움을 주는 행동을 더 많이 더 오래 유지한다'는 사실을 밝혀냈습니다. 그러니까 예를 들어, 영희가 민지에게 "고맙다", "감사하다" 하고 표현하면, 감사 인사를 받은 민지는 영희에게 지속적으로 어떤 도움을 주거나 좋은 관계를 유지하기 위해 더 노력한다는 것이지요.

우리 아이가 새로운 학년이 될 때마다 친구 관계 때문에 걱정한다면, 부모가 먼저 "미안해", "고마워"라는 표현을 자주 해주세요. 아이도 학교에서 그 표현을 자주 하게 됩니다. 그러면 문제가 생겨도 대부분 저절로 해결되고 친구들과도 잘 지내게 됩니다.

14 행동변화 대화법

# 아이 마음에 강한 질투가 작용한다면

## 평소 이렇게 말하고 있나요?

"동생을 봐. 저렇게 정리 잘하잖아. 너는 언니가 돼서 이게 뭐니?" (X)

"뭘 그런 걸 가지고 삐지고 그러냐?" (X)

"뭘 친구를 그렇게 부러워해~." (X)

## 이렇게 바꿔 말해 보세요.

"요즘 자꾸 뭔가 네 마음에 거슬리는 사람이 있니?" (O)

"그 친구를 이기고 싶은 마음이 들었구나. 그럴 수 있지. 엄마는 너의 이런 솔직한 태도가 참 맘에 들어." (O)

"엄마는 누가 뭐래도 우리 딸이 좋아." (O)

## 질투는
## 의도적 행동을 만들어 냅니다.

불과 몇 개월 된 아기도 질투를 합니다. 보통은 질투를 미워하는 마음과 행동으로 생각하기 쉬운데, 질투 반응은 연령이나 개인의 발달에 따라 다르게 나타납니다. 미취학 아동은 질투의 감정을 어떻게 표현해야 할지 몰라 집 안 물건을 어지럽히거나, 소변을 아무 데나 보는 식으로 표현합니다. 쓸데없는 고집을 피우면서 과잉 행동을 하기도 하지요. 그러면 보호자는 그 행동 하나만을 보고 도무지 이해가 되지 않아 화를 많이 내게 됩니다. "왜 자꾸 양말을 여기다 던져 놓니? 왜 자꾸 더러운 흙을 옷에 묻혀?" 이렇게 혼을 내도 행동은 변하지 않고 오히려 비슷한 행동이 고착되거나 강화됩니다.

각기 다른 행동을 하는 것 같지만 목적은 하나입니다. 이렇게 말도 안 되는 바보 같은, 또는 지저분한 행동을 해서라도 관심을 독차지하고 싶다는 것이지요. 그렇기 때문에 우리 아이가 말도 안 되는 짓이나 하지 말라는 행동을 지속할 때는 누군가를 질투하고 있지는 않은지 살펴볼 필요가 있습니다. 형제가 없는 외동은 엄마, 아빠가 서로 사랑하는 눈빛을 나눠도 질투를 느낍니다. 그래서 이해가 안 되는 행동을 하며 관심을 끌려고 합니다. 엄마, 아빠, 아이 이렇게 셋이 함께 있을 때는 우리 아이가 소외된다는 느낌이 들지 않도록 하는 것이 중요합니다. 아이는 자신은 잘 알아듣지 못하는 어른의 대화가 계속 이어지는 상황에서도 질투와 소외를 느낍니다. 자녀와 함께 있을 때는 아이의 눈높이에 맞춰 가족 대화를 하는 것이 좋습니다.

초등학생이 되면 아이가 질투심을 느끼는 경우가 더 늘어납니다. 질투는 아주 사소한 것에서부터 시작됩니다. '재가 나보다 더 키가 커서, 재가 나보다 수학 문제를 더 많이 맞혀서, 재가 나보다 더 예뻐 보여서, 재가 나보다 친구들한테 인기가 더 많아서, 재가 나보다 달리기가 더 빨라서, 재가 선생님한테 칭찬을 받아서' 질투가 올라옵니다. 어른이 보기에는 참 사소하지만 아이에게는 무척 큰 일이고, 질투의 감정이 생각보다 오래갑니다.

질투심이 고착되면 잘 없어지지 않습니다. 그리고 질투는 타인에 대한 의도적 행동으로 이어집니다. 대개 사건은 우발적으로 일어납니다. 그런데 질투로 인한 다툼이나 공격은 양상이 다릅니다.

우발적이라기보다 호시탐탐 기회를 엿보다가, 의도적으로 일어납니다. 예를 들어 질투 대상이 뭔가 실수하거나 잘못하기를 기다립니다. 그리고 그런 모습이 보이면 바로 선생님께 이르지요.

"선생님 철수가 신발 신고 교실에 들어왔어요."

"선생님 민기가 복도에서 뛰었어요."

이 정도는 귀여운 사례입니다. 없는 이야기를 만들어 질투 대상을 다른 친구들로부터 고립시키는 시도를 하기도 합니다.

"영희가 사실 전에 다니던 학교에서 왕따라서 어쩔 수 없이 전학 온 거래."

"지난번에 교실에서 에어팟 없어졌잖아. 근데 미진이가 똑같은 거 갖고 다니더라."

누군가를 질투하는 감정은 쉽게 사라지지 않습니다. 그리고 어떻게 해서든 그 질투의 대상을 무너뜨리고 싶어집니다. 심지어 그 방식에 '공정함', '정의'라는 표현을 쓰면서 말이지요.

유명한 정신분석가 자크 라캉Jacques Lacan은 이렇게 말했습니다.

"공정함을 외치는 이들의 내면에는 질투가 있습니다."

우리 아이가 공정이라는 이름으로 누군가를 견제하고 누르려고 한다면 내면에 어떤 질투가 있지는 않은지 살펴볼 필요가 있습니다.

15 행동변화 대화법

# 친한 친구가 없어 힘들어 하는 아이에게

## 평소 이렇게 말하고 있나요?

"네가 먼저 같이 놀자고 얘기해. 가만히 있지 말고." (X)

"그냥 혼자서 놀면 되지, 뭘 그렇게 친구한테 매달리려고 해." (X)

## 이렇게 바꿔 말해 보세요.

"체육 시간 계획표를 보니까 이번 학기에 농구 있더라. 아빠랑 같이 농구 드리블이랑 슛하는 거 연습해 보자. 그러면 학교에서 시합할 때 잘할 수 있어. 점심시간에 같이 농구 하자는 친구도 생길 거야." (O)

"엄마가 공기놀이 알려 줄게. 이리 와봐. 엄마랑 연습하고, 나중에 학교 가서 쉬는 시간에 책상에 올려놓고 해봐. 공기놀이 좋아하는 애들이 은근히 있거든. 같이 하자고 하는 친구가 있을 거야. 관심은 있는데 잘 못하는 친구가 있다면 네가 가르쳐 주면 돼. 그러면서 친구가 되는 거야."

**(0)**

## 외로움은 혼자 방에 있을 때보다
## 시끄러운 교실에서 더 커집니다.

새 학기가 시작되고 한 달도 채 지나지 않았는데, 아이들이 어떻게 노는지 패턴이 보입니다. 영희는 민지랑 친하게 지내고, 철수를 중심으로 축구를 좋아하는 친구들이 모이고, 소연이는 조용히 책을 읽으며 시간을 보내고, 세연이는 특정한 아이와 친하게 지내기보다 두루두루 아이들과 어울리는 마당발입니다. 그리고 그 상태는 1년 동안 이어집니다. 물론 중간에 다툼이 생기고, 조율하는 과정이 있고, 관계가 끝나 버리는 사건도 발생합니다. 그래도 큰 틀에는 변함이 없습니다.

누군가와 친하든 친하지 않든, 혼자서 놀든 같이 놀든, 일단 뭔가를 하면서 쉬는 시간을 보내는 아이는 괜찮습니다. 즉 혼자든 함께든, 놀고 있다면 염려할 필요가 없습니다. 문제는 누군가와 함께 놀고 싶은데 나랑 놀아 줄 친구가 없는 아이입니다. 나름 애도 써 봅니다. 옆 친구에게 과자나 초콜릿 같은 것도 주고, 친구들이 이야기하고 있을 때 옆에서 듣다가 끼어들 순간을 기다립니다. 하지만 좀처럼 말을 이어가기가 어렵습니다.

누구나 내 아이에게 친한 친구가 있으면, 꼭 단짝은 아니더라도 교실에서 같이 놀 친구가 있으면 좋겠다고 생각합니다. 아이가 친구들과 잘 어울리지 못하면 속이 상합니다. 이럴 때 아이에게 이렇게 압박감을 주는 표현은 좋지 않습니다.

"그냥 너도 같이 놀자고 해~."

"이렇게 사회성이 없어서 걱정이다."

친구가 그립고, 친구랑 놀고 싶어 하는 아이에게 그냥 혼자서 놀 거리를 찾아보라고 말하는 것도 좋지 않습니다.

"친구는 내년에 만들면 되지. 그냥 혼자서 책 읽어~."

"너랑 맞는 애들은 나중에라도 생기게 되어 있어. 너 종이접기 좋아하잖아. 그거 하면서 놀아."

아이마다 성향이 다릅니다. 타인과 함께 있을 때 에너지를 얻고 기쁨을 느끼는 아이에게 '혼자 있어도 괜찮다'라는 말은 전혀 위로가 되지 않습니다. 그보다는 어떻게 하면 친구를 사귈 수 있는지 구체적인 실행법을 알려 주는 편이 좋습니다. 몇 가지 예를 들면 다음과 같습니다.

첫째, 스포츠 능력을 갖출 수 있도록 합니다. 학교 교육 계획표를 참고해서 체육 활동을 미리 연습할 수 있도록 도와주세요. 축구, 농구, 배구, 피구, 티볼 등 체육 시간에 팀을 이루어 하는 구기 종목에 미리 익숙해질 수 있도록 합니다. 스포츠 기량이 좋으면 함께하고 싶어 하는 친구가 생기기 쉽습니다.

둘째, 보드게임 등을 연습합니다. 공기놀이나 교실에서 할 수 있는 보드게임을 구비해 가정에서 아이와 함께 해줍니다. 게임을 뛰어나게 잘하지는 않아도 됩니다. 익숙하게 할 수 있는 수준이면 됩니다. 어느 정도 할 줄 알게 되면 공기나 보드게임 도구를 가지고 학교에 갑니다. 쉬는 시간에 펼쳐 놓고 하고 있으면 같이 하자고 하는 아이들이 생깁니다.

셋째, 다른 아이에게 먹을 것이나 학용품을 주는 방식은 좋지 않습니다. 아이에게 관심을 보이기보다 그저 물건에 대한 소유욕만 채우고 끝나기 쉽기 때문입니다. 이미 친구가 된 아이들끼리 서로의 우정을 확인하기 위해 선물을 교환할 수는 있지만, 선물을 통해 친구가 만들어지는 것은 아닙니다.

16 행동변화 대화법

# 학급회장이 되고 싶어 하는 아이에게

## 평소 이렇게 말하고 있나요?

"공부를 열심히 잘 해봐. 그러면 널 뽑아줄걸." (X)

"평소 친구들한테 말도 걸고 회장으로 뽑아 달라고 적극적으로 표현도 하고 그래." (X)

## 이렇게 바꿔 말해 보세요.

"회장 선거기간에 잠깐 잘해 주는 척하지 말고, 평소에 어려움을 겪는 친구는 없는지 진심으로 관심을 기울이고 도와주렴." (O)

"누가 연필, 지우개, 풀 같은 준비물을 안 가져오면 네가 기꺼이 빌려주도록 해." (O)

# 진정한 리더는 혼자 빛나지 않고 모두와 함께 빛납니다.

새 학년이 되거나 학기가 바뀌면 학급회장, 전교회장을 선출합니다. 선출된 학생은 학교에서 학생 자치활동의 리더 역할을 맡게 되지요. 회장단 선거에 관심이 없는 아이도 있지만, 어떤 아이는 너무도 하고 싶어 합니다. 학급회장 선출 과정은 학교마다 다른데, 대부분은 학급 친구들의 추천으로 후보에 등록됩니다. 자신을 스스로 추천할 수도 있고요.

문제는 회장이 너무도 되고 싶은데, 선출되지 않거나 아예 입후보도 하지 못할 때입니다. 되고 싶은 마음이 클수록 아이의 상심도 큰 게 당연하겠지요. 그 상심의 과정도 좋은 교육입니다. 실망과 좌절을 겪어 내면서 아이는 성장하니까요. 하지만 당당하게 선출되어 회장으로 인정받는 경험을 언젠가 한 번은 해보면 더 좋겠지요.

20세기의 위대한 사상가 마르틴 부버Martin Buber는 그의 유명한 저서 『나와 너』에서 "나는 존재하지 않는다"라고 말합니다. '나와 연결된 너'가 있을 때 내가 존재한다고 표현했지요.

학급회장에 당선된 아이들의 특징을 보면 마르틴 부버의 말처럼 '나'와 연결된 '너'에 관심을 기울입니다. 여기서 '너'는 학급 친구입니다. '너'가 없는 상태의 아이, 즉 '자기 중심성'이 강한 아이는 회장 선거에서 당선되기 어렵습니다. 회장 선거에서는 주로 타인에게 마음을 쓰는 '배려심' 있는 아이가 표를 얻습니다.

흔히 인기 좋고, 활달하고, 여러 친구와 말을 잘 섞는 아이가 당선될 거라고 생각하지만 오히려 '내향적'인 아이가 당선되는 경우가 많습니다. 활동적이냐 아니냐가 아니라 신뢰감 유무가 주요한 기준으로 작용합니다. 신뢰감은 타인과의 약속을 잘 지키는 것만이 아니라, 타인을 얼마나 배려하고 친절히 대했느냐가 좌우합니다.

회장에 당선되고 싶다면 평소 주변에 있는 '너', '타인', '친구'에게 관심을 가져야 합니다. 아이에게 주변에 평소 혼자 외롭게 지내거나, 준비물을 잘 챙겨 오지 못하는 '너'는 없는지, 공부나 체육 혹은 음악 활동에 어려움을 느끼는 '너'는 없는지 등에 관심을 기울이라고 말해 주세요.

한번은 회장 선거를 하면서 '왜 이 친구에게 투표하는지' 그 이유도 함께 적어 보라고 한 적이 있습니다. 그 친구가 공부를 잘해서, 축구를 잘해서, 노래를 잘 불러서 같은 이유는 나오지 않았습니다. 내가 아플 때 함께 보건실에 가주어서, 내게 물감을 빌려주어서, 내가 힘들 때 위로가 되는 말을 해주어서 등이 이유로 적혔습니다.

초등학생도 '나'만 생각하는 아이와 '너'를 생각해 주는 아이를 구분할 줄 압니다. 아이가 좋은 리더, 학급회장이 되고 싶어 한다면, 타인을 향한 마음부터 가질 수 있도록 해주세요.

17 행동변화 대화법

# 전학으로 불안해 하는 아이에게

## 평소 이렇게 말하고 있나요?

(전학 간 첫날)

"어때? 같은 반 애들하고 얘기는 해봤니?" (X)

"너보다 공부 잘할 것 같은 애들이 많아 보이든?" (X)

(몇 주 뒤)

"벌써 전학 간 지 2주나 되었는데, 아직도 친구를 못 사귄 거야?" (X)

## 이렇게 바꿔 말해 보세요.

(전학 가기 전에 미리)

"한 달쯤 후에 전학을 갈 거야. 그 전에 친한 친구들한테 알리고 충분

히 인사를 나누렴." (O)

"전학 가기 전에 따로 만나고 싶은 친구들이 있으면 이번 일요일에 집으로 불러. 엄마가 떡볶이랑 피자 준비해 줄 테니까 마지막으로 같이 놀면서 인사해." (O)

"너무 급하게 친구를 사귀려고 할 필요는 없어. 원래 새로운 사람을 만나는 건 쉬운 일이 아니야. 너랑 맞는 친구가 생길 거니까, 일단 아프거나 다치지만 말고 잘 다니면 돼." (O)

"전학 갈 학교에 이번 주말에 미리 같이 가보자. 학교 근처에 편의점이나 문구점이 어디 있는지도 살펴보고, 또 학교 끝나고 어떤 길로 집에 오면 되는지, 학원은 어떻게 가면 되는지 미리 둘러보자." (O)

# 낯선 환경에서도 당신은 빛날 수 있습니다.

부득이하게 전학을 가야 할 때가 있습니다. 이사 때문일 때가 많지요. 때로는 살던 지역에서 멀리 떨어진 곳으로 가야 할 수도 있습니다. 교육적으로 더 낫다고 생각되는 학교로 옮기는 선택을 하기도 합니다. 어떤 이유든 '전학'은 초등생 자녀에게 무척 큰 스트레스를 줍니다. 무던한 아이라면 겉으로는 괜찮다고 말합니다. 하지만 자신도 의식하지 못할 뿐, 대부분 상당한 스트레스를 받습니다. 학년이 바뀔 때를 맞춰서 전학을 가도 마찬가지입니다. 학기 중간에 가는 것보다는 충격이 덜하지만 아는 친구 하나 없는 낯선 곳에 가야 한다는 불안을 느낄 수밖에 없지요.

아이들이 전학 가서 힘들어하는 이유의 상당 부분은 친구 관계에 있습니다. 친구 한두 명만 사귀어도 금방 새 학교에 적응할 수 있는데, 아무래도 아이들은 그 부분에서 가장 큰 어려움을 겪습니다. 새로운 친구를 사귀는 데 시간이 걸리는 이유로는 이전 학교 친구들에 대한 기억과 그리움을 들 수 있습니다. 그렇기 때문에 전학 가기 전에 친구들과 작별할 시간을 충분히 주는 것이 좋습니다. 몇몇 친한 친구를 초대해서 송별회를 해주면 좋습니다. 또는 손 편지와 작은 선물을 준비해서 친구들에게 전하도록 하세요. 이별을 공식화하는 일종의 의식인 셈입니다. 아이들에게도 관계의 변화나 상실에 대한 애도의 시간이 필요합니다. 그래야 다른 친구를 받아들일 마음의 공간이 생깁니다.

우리 아이가 새로운 학교에서 친구 사귀는 데 어려움을 겪고 거리를 둔다면 그리고 전학을 가면서 이전 친구들과 제대로 된 인사를 나눌 기회가 없었다면, 지금이라도 그 시간을 만들어 주세요. 예전에 살던 동네에 가서 잠시 친구들과 만나고 오게 하는 것이지요. 그러한 과정을 통해 아이는 새로운 친구들에게 마음을 열 준비를 할 수 있습니다.

친구 관계에서만 적응의 어려움을 겪는 것은 아닙니다. 사투리 때문에 눈치를 보거나 표현하기를 주저할 수도 있고, 이전 학교에서는 내가 잘한다고 느꼈던 것이 이 학교에서는 별로 특별하지 않게 느껴지는 데서 오는 상심 등이 적응을 어렵게 만들 수 있습니다. 그래도 아이들의 적응력을 믿어 줄 필요가 있습니다. 아이들은 스트레스 속에서도 결국 길을 찾아냅니다.

전학 간 첫날부터 너무 많은 것을 물어보지 않도록 유의하세요. 아이에게는 적응할 시간이 필요합니다. 최소 한 달은 필요하지요. 어른도 직장을 옮기면 처음 한두 달은 신경을 쓰느라 몸살이 나기도 합니다. 어른, 아이 할 것 없이 낯선 환경은 힘든 법이지요. 아이는 몇 년간 안정감을 느끼며 다니던 학교에서 처음으로 뚝 떨어져 다른 학교로 갔습니다. 아프지 않고 학교에 다니는 것만으로도 일단 잘하고 있다고 생각할 필요가 있어요.

친구는 사귀었는지, 학습은 잘 따라갈 수 있을 것 같은지, 학교생활은 할 만한지 등 자꾸 꼬치꼬치 물어 가며 확인하지 말고, 아이의 회복탄력성을 믿어 주세요. 그것이 먼저입니다. 엄마, 아빠의 신뢰감 있는 시선이 아이의 적응에 큰 힘이 되어 줍니다.

18 행동변화 대화법

# 아이가 학교에 가기 싫다고 말할 때

## 평소 이렇게 말하고 있나요?

"뭐 겨우 그딴 걸로 학교에 가기 싫다고 하는 거야?" (X)

"다른 애들도 다 너만큼은 힘들어. 그래도 잘만 다녀." (X)

"너 학교 안 다니면 이담에 커서 뭐 하고 살려고 그래?" (X)

## 이렇게 바꿔 말해 보세요.

"엄마가 모르는 힘든 게 있었나 보구나. 무슨 일이니?" (O)

"네가 걔네 때문에 힘들어 한다는 걸 선생님께 잘 말씀드릴게." (O)

"너를 괴롭힌 애들이 내년에 같은 반이 되지 않도록 학교에 말할 거야. 만약 또 괴롭히면 걱정하지 말고 바로 엄마한테 얘기해." (O)

## 학교 가기 싫을 만큼
## 힘든 일이 있다는 표현입니다.

학교에 가기 싫다는 표현은 아이로서는 마지막 카드를 꺼낸 것과 같습니다. 어떻게든 해보려고 했지만 소용이 없었다는 뜻입니다. 아이들이 학교에 가기 싫다고 말하는 이유는 다양합니다. 친구관계의 어려움, 왕따, 어떤 수치스러운 경험, 학교폭력, 학업에 대한 압박감 등이 있을 수 있습니다. 저학년이라면 일시적인 분리불안 때문에 등교를 거부하기도 합니다.

아이가 학교에 가기 싫다고 하면 일단은 적극적으로 경청해 주세요. 아이로서는 SOS를 보내고 있는 것이나 마찬가지이니 부모도 그만큼 진지한 자세로 들어 주어야 합니다. 하던 걸 멈추고 아이와 시선을 맞추면서 아이의 이야기에 집중합니다. 왜 그런 건지 이유를 물어봅니다. 그저 방학이 끝나 가는데 학교 갈 생각을 하니 싫다고 하거나, 새 학년에 올라가서 낯선 사람과 환경을 만나는 데 막연한 두려움을 느낀다거나, 혹은 늦잠을 더 자고 싶어서 등의 이유를 대면 그저 공감만 해줘도 충분합니다.

"엄마도 회사 나가기 싫은데 너도 똑같구나."

"엄마도 집안일 하기 싫은데 우리 둘 다 똑같네."

하지만 다른 특별한 이유가 있다면 적극적인 개입이 필요할 수도 있습니다. 특히 학교폭력을 겪었다거나 친구 관계에 어려움이 있다면 도움을 줘야 합니다. 학교폭력 때문에 피해 학생이 전학을 선택하거나 학교를 잠시 그만두는 경우가 있는데 그것만큼 안타까운 상황도 없습니다. 이런 일은 현실에서 왕왕 생깁니다. '학교폭력위원회(학폭위)'를 신청해도 가해 학생이 초등 시기에 전학 조치를 받는 경우는 거의 없기 때문입니다. 결국 같은 학교를 계속 다녀야 하는 상황에서 피해 아동은 학교에 가기 싫을 수밖에 없습니다. 이럴 때는 다음 해는 물론이고 졸업할 때까지 적어도 같은 반이 되지 않도록 조치해 달라고 학교 측에 요청하는 것이 좋습니다. 그리고 비슷한 일이 또 생기면 걱정하지 말고 바로 선생님과 엄마에게 이야기해 달라고 당부합니다. 학폭 신고는 몇 번이고 할 수 있고, 그때마다 분리 조치가 가능하다고 알려 주고 안심시켜 주세요. 불안을 느끼는 일에 구체적인 대안이 있다는 것을 알게 되면, 근본적인 해결책은 아니더라도 최소한의 안전감은 확보할 수 있습니다.

아이가 학교에 가고 싶지 않다고 하면 부모님들은 덜컥 겁부터 납니다. 아이가 정말 학교에 안 가면 어떻게 해야 하나 막막합니다. 그래서 "힘들어도 학교는 가야지"라고 말하기 쉽습니다. 아이가 무엇 때문에 힘든지 제대로 알아보지도 않고, 등교 여부에만 무게중심을 두면 아이의 마음에 가까이 다가갈 수 없습니다.

이때 당부드리고 싶은 것은 왜 학교에 가기 싫은지 아이가 이야기할 때까지 기다려 달라는 것입니다. 이유를 알게 되면 근본적인 해결책을 고민해 봅니다. 완전하게 해결하기 어렵다면 적어도 아이에게 이전보다 안전감을 줄 수 있는 대안은 없는지 고민하고 아이에게 방법을 제시해 봅니다. 어떤 경우든 지금 아이가 학교에 가고 싶지 않을 만큼 힘든 일이 있다는 표현임을 잊지 않아야 합니다.

19 행동변화 대화법

# 일상에서 아이의 자존감을 높여 주려면

## 평소 이렇게 말하고 있나요?

(감정이 섞인 상태로 부름) "야!" / "너!" / "영수야!" (X)

(아이가 옆에서 물어봐도 시선을 돌리지 않고 대답함) "응?" / "그래서?" / "뭐라고?" (X)

## 이렇게 바꿔 말해 보세요.

(머리를 쓰다듬어 주면서) "영수야~." (O)

(특별한 이유가 없어도 네가 지금 여기 있어 좋다는 느낌으로) "민지야~." (O)

## 부모가 이름을 부르는 순간,
## 아이의 존재가 세상에 선언됩니다.

성인이 되면 자기 이름이 자주 사라집니다. 이름 대신 "고객님~", "어머님~", "김 부장~", "선생님~", "아주머니~" 같은 다양한 페르소나(가면)로 불리지요.

오랜만에 정다운 친구를 만나러 가는 길이 설레는 이유가 있습니다. 그는 나의 이름을 불러 주기 때문입니다.

"지혜야! 반갑다."

가면 없이, 덧붙이는 말 없이, 내 이름을 있는 그대로 불러 주는 누군가가 내 곁에 있을 때 행복감을 느낍니다. 그 행복은 나에게서 너에게로 전염되어 서로가 애틋해집니다.

학교 교실에서 저는 의식적으로 '이름 부르기'와 '머리 쓰다듬기'를 실천합니다.

아침 8시 40분, 교실 빈자리를 보며 이름을 부릅니다.

"민준이가 아직 안 왔네? 혹시 연락받은 사람?"

지금 이 자리에 내가 없으면 나의 이름을 부르면서 걱정하고 찾는 사람이 있다는 것을 모두가 알게 해줍니다. 누군가가 나의 이름을 부르며 찾는다는 것을 기억하면, 그것 하나만으로도 아이들은 자신의 존재 가치를 믿게 됩니다.

누가 자리에 없는지 확인하고 나면, 이제 교실 책상 사이를 걸으며 앉아 있는 아이들의 머리를 한 번씩 쓰다듬습니다. 가벼운 접촉을 통해 '너희들이 여기 지금 이 자리에 앉아 있어서 참 좋구나'라는 마음을 전합니다.

좋아하는 사람끼리는 손을 잡습니다. 친밀함의 표현인 동시에 '네가 지금 내 곁에 있구나'를 실감할 수 있는 가장 강력한 증거입니다. 어른이 아이의 머리를 쓰다듬는 행위 또한 '네 곁에는 내가 있고, 내 곁에는 네가 있다'라는 서로에 대한 존재 표현입니다.

그냥 가끔 아이 이름을 불러 주세요. "민준아~" 아이가 고개 돌리고 쳐다보면 살짝 미소를 지으면 됩니다. 이름이 불린 순간 아이는 자기 존재를 찾아 준 엄마를 느낍니다. 누군가의 이름을 불러주면 그 사람의 존재가 살아납니다.

아무 일 없더라도 그냥 가끔 아이 방에 들어가서 말없이 머리를 쓰다듬어 주고 나오세요. 숙제했는지, 문제집 풀었는지, 영어 단어 외웠는지 묻지 말고, 그냥 머리를 쓰다듬어 줍니다. 지금 네가 여기 이렇게 있어서 좋다는 그 느낌을 손끝에 담아 '쓰담쓰담' 해줍니다. 손끝을 통해 마음이 전달될 거예요.

20 행동변화 대화법

# 자신감이 부족한 아이에게

### 평소 이렇게 말하고 있나요?

(짜증 내면서) "할 수 있다니까! 왜 그렇게 답답하게 구니?" (X)

(답답하다는 듯이) "실패해도 괜찮으니까 일단 도전해 보라고 몇 번을 말하니?" (X)

### 이렇게 바꿔 말해 보세요.

(마음속 두려움을 공감해 주면서) "또 실수할까 봐 무섭구나." (O)

(과거의 성공 경험을 상기시키며) "3학년 때 기억나니? 그때 너 그림 되게 열심히 그렸잖아. 다른 것도 마찬가지야. 아무것도 안 하는 것보다 시작하고 노력하는 게 훨씬 멋진 거야." (O)

## 성공에 대한 기억이
## 한 발자국을 내딛을 용기를 줍니다.

내가 엄마로서 부족하다고 느끼는 순간, 눈물이 차오릅니다. '그때 내가 잘했어야 하는데.' '내가 다 망쳤어.' 왜 이렇게 후회와 자책의 순간은 자주 찾아오는 걸까요. 엄마로서 아이에게 제대로 해주지 못했다는 죄책감이 몰려오면, 자기 효능감이 낮아지고 자신감이 뚝 떨어집니다.

뭘 해도 부족할 것만 같아서 겁이 나지요. 그러면 무척 위축되어서 주변 다른 사람에게 엄마의 권한을 넘기고 맙니다.

"당신 말대로 할게요."

"잘 모르겠어요. 결정에 따를게요."

엄마만 그런 게 아닙니다. 아이도 마찬가지입니다. 엄마의 기대에 못 미친다는 생각이 들면, 자신을 바닥으로 한껏 낮춥니다. 일찌감치 한계를 정하고 도전하지 않습니다.

"전 못해요."

'할 수 없다'고 단정 짓는 아이에게는 '성공 경험의 회상'이 필요합니다. 아이가 전에 성공적으로 해냈던 것을 이야기해 주는 것이지요. 아이는 그 경험을 기억하지 못해도 괜찮습니다. 엄마의 언어로 영화의 한 장면을 보여 주듯이 아이에게 상기시켜 주면 됩니다.

"유진아, 네가 어렸을 때 기어 다니다가 어느 날 갑자기 일어서더라. 그날 방에 햇빛이 환히 비치고 있었는데, 네가 햇살 속에서 벌떡 일어나는 거야. 얼마나 기뻤는지 엄마는 박수까지 쳤지 뭐야. 너도 그때 엄청 밝게 웃었지."

커다란 성공일 필요는 없습니다. 작더라도 성공 경험이 쌓이면 쌓일수록 자신감이 단단해집니다. 성공했을 때의 느낌은 몸이 기억합니다. 그리고 그 기억은 무의식 안에 '나도 잘할 수 있는 사람'이라는 표식을 새겨 놓지요.

일상 속에서 아이가 뭔가를 성취했다면 소소할지라도 사진으로 남겨 놓으세요. 사진에 메모를 하고, 앨범으로 만들어 주세요. 그리고 가끔 아이와 함께 앨범을 보면서, 성취의 순간을 되짚어 주세요.

"유진아, 네가 유치원에서 연극할 때 사진이야. 기억나니? 그때 연극 대사를 하나도 안 틀렸지. 정말 완벽했어."

자기 효능감이 높고 자신감이 충만한 아이는 성공의 맛을 또 보고 싶어서 자신의 능력을 업데이트합니다. 업데이트된 능력은 다시 자기 효능감과 자신감을 더 높여 주지요. 선순환입니다. 아이의 성공 경험을 상기시키는 엄마의 말, 그것이 선순환의 시작점입니다.

21 행동변화 대화법

# 자기 감정을 잘 표현하지 못하는 아이에게

**평소 이렇게 말하고 있나요?**

"민철이 때문에 짜증 나 죽겠어."

(공감 없이 원인부터 물어봄) "민철이가 뭘 어떻게 하는데?" **(X)**

"몰라, 이기적이야. 자기한테 유리하게 규칙을 맘대로 바꿔."

"그럼 너도 그런 거 안 한다고 해!" **(X)**

**이렇게 바꿔 말해 보세요.**

"민철이 때문에 짜증 나 죽겠어."

(공감 후 이유를 물어봄) "짜증이 나서 힘들구나. 어떤 부분이 싫은데?" **(O)**

"몰라, 이기적이란 말이야. 규칙을 자기 맘대로 정해."

(공감 후 감정 표현 방법을 알려 줌) "음……, 그렇구나. 속상하겠네. 다음에 또 규칙을 마음대로 바꿔서 속상하면, 네 감정을 표현해 봐. 그렇게 규칙을 자주 바꾸니까 마음이 안 좋다고." **(O)**

"그런다고 들을 애가 아니야!"

(감정 표현의 효과를 알려 줌) "그 아이가 듣고 안 듣고가 중요한 게 아니거든. 네 마음속 감정을 잘 표현하는 게 더 중요해. 네 감정을 드러내기만 해도 감정을 마음에 쌓아 두지 않게 되거든. 그리고 그 아이가 네 말을 듣고 네 감정을 이해하게 되면 더 좋은 관계가 되는 거고. 만약 몇 번이나 표현했는데도 아무 반응이나 변화가 없으면 그때는 그 친구하고 거리를 두는 게 좋아." **(O)**

# 솔직한 감정 표현이
# 마음의 무거운 짐을 덜어 줍니다.

혼자 방 안에서 끙끙대는 아이에게 물어봅니다.

"무슨 일 있니?"

"모둠 작업을 하는데, 애들이 나한테 무조건 편집을 하라잖아. 자료조사가 제일 쉽고 편집이 제일 오래 걸리는데."

"그럼 너도 자료조사 하겠다고 하지 그랬어!"

"아니, 그런 게 아니고 딴 애들은 나만큼 편집을 못한단 말이야. 어쩔 수 없어. 내가 해야지. 그런데 기분은 나쁘다고! 적어도 미안해 하거나 고마워해야 하는 거 아니야? 너무 당연하게 나한테 하라고 한단 말이야."

아이가 답답해 하고 화를 내는 이유는, 자신의 감정을 표현할 기회를 놓쳤기 때문입니다. 적어도 제일 어려운 역할을 맡았으니 고마움이나 인정을 받아야 하는데, 다른 아이들이 너무 당연히 여기고 강요하기까지 한다는 생각에 기분이 나빴던 것이지요. 얼핏 다른 아이들이 무례한 것처럼 보이지만, 실질적인 문제는 상한 마음을 적절한 때에 적절하게 표현하지 못한 데 있습니다. 내가 편집을 잘한다는 이유로 이 일을 내게 당연한 듯 떠맡기면 기분이 좋지 않다는 그 감정을 표현했다면 이렇게 마음이 답답하지는 않았을 것입니다.

자신의 '의견'을 제대로 말하지 못해서 답답한 경우보다 이처럼 자기 '감정'을 제대로 전달하지 못해서 마음 상하고 고민하는 경우가 많습니다. 물론 나는 감정을 전달했는데 상대방이 읽지 못하는 경우도 있지요. 이런 상황이 반복되면 그 아이와는 적절히 거리를 두게 하는 것이 좋습니다. 아무리 말해도 다른 사람의 감정을 읽어 줄 줄 모르는 사람과는 마음을 나눌 수도, 친구가 될 수도 없는 법이니까요.

문제는 애초에 내 감정을 드러내지 못했을 때입니다. 그건 상대의 문제가 아닌 내 문제로 계속 남아서, 나중에 자신을 공격하는 폭탄이 될 수도 있습니다.

가장 좋은 방법은 아이가 타인의 감정에도 잘 공감하고, 자신의 감정도 잘 표현할 수 있도록 돕는 것입니다. 그러자면 잘 관찰하는 자세가 중요합니다. 다른 사람은 어떤 감정을 느끼는지, 나의 감정은 어떠한지, 내 감정을 표현하기에 적절한 상황인지를 읽어 낼 수 있어야 합니다. 이렇게 서로 감정을 읽어 내고 주고받을 때 건강한 공감력이 형성됩니다.

"일단 친구의 말을 끊지 말고 끝까지 들어 보렴. 그러면 친구의 마음이 보인단다."

"친구의 표정을 읽어 봐. 마음은 얼굴 표정으로 말을 하거든."

"네 감정도 중요해. 슬프거나 화가 나면 담아 두지 말고 표현해야 해. 그건 자연스러운 거야."

공감하고 공감받는 아이로 키우려면 먼저 엄마와 공감의 관계를 맺을 수 있어야 합니다. 우선은 엄마가 마음의 여유를 확보하는 것이 중요합니다. 여유가 있어야 표현되지 못한 아이의 감정을 볼 수 있고, 아이가 어떤 감정을 표현해도 안전하게 받아 줄 수 있기 때문이지요.

22 행동변화 대화법

# 다른 사람의 눈치를 너무 보는 아이에게

## 평소 이렇게 말하고 있나요?

"딴 사람 시선이 뭐가 중요하니? 네가 하고 싶은 대로 하라고." (X)

"친구들이 뭐라 하든 말든 너는 너 할 일을 하면 되는 거야." (X)

"엄마가 뭘 어쨌다고 자꾸 엄마 눈치를 보는데?" (X)

"그렇게 다른 사람을 의식해서 어떻게 살려고 그래?" (X)

## 이렇게 바꿔 말해 보세요.

"눈치 볼 필요 없어. 한 번에 완벽하게 하지 않아도 돼. 문제가 생기면 그때 또 수정하면 되는 거야." (O)

"엄마가 자꾸 다른 사람을 의식해서 너도 그랬나 보다. 생각해 보니까

그럴 필요가 없는 것 같아. 엄마도 이제 안 하려고 노력할 거야." (O)

"우리 영수가 자꾸 엄마 눈치를 보는 것 같아 엄마가 속상하네. 하고 싶은 게 있으면 시도해 봐. 해도 되는지 잘 모르겠으면 엄마한테 물어보면 돼. 망설이지 말고." (O)

# 시선이 타인에게 고정되면
# 자아가 없어집니다.

학부모 상담을 하다 보면 이런 말을 종종 듣습니다.

"엄하게 키운 것도 아니고 뭐라고 하는 것도 아닌데 너무 눈치를 봐서 답답해요."

"자꾸 다른 사람이 자기를 어떻게 생각할지를 신경 쓰는 모습이 보여서 속상합니다."

아이가 타인의 시선을 너무 의식한다면, 그 이유는 다양합니다. 기본적으로 내가 하는 일에 자신이 없거나 확신이 없을 때 눈치를 살피게 됩니다. 적어도 다른 사람이 하는 걸 보고 따라 하면 망신은 안 당할 거라고 생각하는 것이지요. 완벽주의적인 성향의 아이도 눈치를 보곤 합니다. 실패하면 안 된다는 강박 때문입니다. 실패하지 않을 거라는 확신을 타인을 통해 얻으려고 하는 것이지요. 불안 수준이 높은 아이도 타인의 눈치를 살핍니다. 적절한 불안은 성취 동기를 부여해 주지만 필요 이상의 불안을 느끼면 타인의 눈치를 보면서 지금 당장의 안정을 찾는 데 몰입하게 됩니다. 모델로 삼는 어른이 평소에 다른 사람의 눈치를 보면서 관계를 유지하는 모습을 보고 비슷한 성향을 보이는 경우도 있습니다.

이렇듯 이유가 다양하기 때문에 우리 아이가 어떠한 이유로 눈치를 보게 되었는지를 분석해 볼 필요가 있습니다. 대부분 간단한 정서발달 검사를 통해 어느 정도 그 원인을 알 수 있습니다.

자존감이 낮아서라면, 아이의 존재감을 자주 일깨워 주는 환경(이름 불러 주기, 쓰다듬기, 네가 있어서 좋다고 표현하기 등)을 조성합니다. 완벽주의 성향이 문제라면 목표치를 낮춰 줍니다. 불안도가 높다면, 불안의 원인을 찾아서 제거 또는 완화해 줍니다. 보호자의 억압이나 통제적인 분위기가 원인이라면 아이의 선택권을 늘려 줍니다. 또래 관계에서 왕따나 배신을 경험해서라면, 사과를 받을 수 있는 기회를 만듭니다. 상황이 여의치 않으면 적어도 네가 잘못해서 그런 일이 생긴 것이 아니라고 분명하게 인식시켜 줍니다. 눈치를 보는 어른을 보고 배워서라면, 엄마, 아빠부터 그 원인을 찾아서 개선해 나가는 모습을 보여 줘야 합니다.

우리 아이가 타인의 시선에 지나치게 신경 쓴다고 생각된다면, 시간을 갖고 원인을 찾아 그에 알맞은 해결 방식을 찬찬히 알려 주세요. 아이가 자신의 기준으로 단단하게 성장해 나갈 수 있도록 힘을 북돋아 주기 바랍니다.

23 행동변화 대화법

# 자기 할 말을 못 하고 삭이는 아이에게

### 평소 이렇게 말하고 있나요?

"그런 걸 왜 말을 못 하니, 그냥 싫다고 하면 되지." (X)

"아니, 바보같이 왜 맨날 다른 애들 말에 끌려다니는 건데?" (X)

"정말 답답하다. 그냥 너도 할 말을 해. 후회하지 말고." (X)

### 이렇게 바꿔 말해 보세요.

"내 의견을 말하기는 원래 어려운 거야. 그럴 때는 바로 답하지 말고 '잠깐만'이라고 말해 봐." (O)

"바로 대답을 해줄 필요는 없거든. 일단 생각할 시간이 좀 필요하다고 말하면 돼." (O)

"반대 의견이 있는데 말이 잘 안 나온다면 '어……' 하면서 손을 살짝 들어. 그렇게만 해도 네 생각이 다르다는 걸 알려 줄 수 있거든. 그러고 나서 천천히 네 생각을 차분하게 말하면 돼." (O)

"잠깐 생각할 시간을 달라고 한 뒤 네 생각을 말해 봐. 물론 네 생각대로 안 될 수도 있어. 그래도 괜찮아. 적어도 너는 표현을 했으니까 마음에 답답함은 안 남을 거야. 그러면 잘한 거야." (O)

## 표현하지 못하고 담아 둔 것은
## 언젠가 반드시 다른 방식으로 표출됩니다.

친구에게 할 말을 못 하고 끙끙대거나 나중에 후회하는 아이가 있습니다. 함께 놀거나 모둠 과제 활동을 할 때 종종 발생하는 일입니다. 편의점에 함께 갔다가 자신이 먹고 싶은 과자나 음료가 아니라 친구가 원하는 것을 선택하는 아이도 있습니다. 집에 가서 속으로 후회해도 다음에 또 비슷한 패턴을 반복합니다.

자기 의견을 제대로 표현하지 못하면 시간이 갈수록 자신에 대한 신뢰감을 잃게 됩니다. '내 생각이 맞을까? 내가 뭘 제대로 할 수 있겠어? 난 못 해'라는 자기 의심이 강해지는 것이지요. 당연히 자신감도 없어집니다. 말을 잘 못하는 자신을 탓하면서 결국 자존감까지 낮아집니다.

내향성이 강한 아이들에게 이런 모습이 자주 보입니다. 타인 공감력이 높은 아이도 이런 경향이 있습니다. 상대방이 말하지 않아도 그 사람이 원하는 것을 미리 알아차리기 때문이지요. 그래도 공감력이 좋은 아이들은 자신을 못났다고 여기거나 자학하지는 않습니다. 자신의 선택이 타인에게 즐거움을 줬다는 만족감이 있기 때문이지요. 그렇다고 해도 그 방식을 계속 유지하기보다는 필요한 순간에는 자신의 의견을 표현해서 욕구를 충족시킬 필요가 있습니다. 타인과 마찬가지로 본인도 공감을 받을 필요가 있고, 그래야 건강하게 성장할 수 있기 때문입니다.

문제는 표현 기회를 놓쳐서 다른 사람에게 계속 끌려다닐 때 커집니다. 이런 상황이 누적되면 감정이 왜곡된 방식으로 분출될 위험이 있습니다. 하고 싶은 말을 꽁꽁 눌러 두는 건 재깍거리는 시한폭탄을 가슴에 담아 두는 것과 마찬가지입니다. 그러다가 엉뚱한 때에 생뚱맞은 곳에서 폭발하고 말지요. 만약 아이가 자기표현을 제때 하지 못하고 감정이 억눌려 있다고 판단되면 개입이 필요합니다. 여기서 개입이란 훈육이 아닙니다. 어떻게 자신을 표현하는지 알려 주고 연습할 수 있도록 도와주자는 것이지요.

연습의 첫걸음은 일단 곧바로 대답하지 않는 것입니다. 상대방이 놀이 규칙을 바꾸자고 하거나, 모둠 과제를 하면서 역할을 이렇게 분담하자고 의견을 내면, 바로 고개를 끄덕이지 않는 것부터 연습합니다. 내 의견을 곧바로 말하거나 감정을 즉석에서 능숙하게 표현하기는 어려운 일입니다. 내향적인 아이들은 자기표현 전에 자기만의 시간이 필요합니다. 일단 이렇게 말하는 연습을 시켜 봅니다.

"잠깐만 생각 좀 해보고."

이렇게 무조건 고개를 끄덕이며 끌려가는 대신, 우선 시간을 벌 수 있도록 해줍니다. 생각하는 시간을 3~5초 정도만 가져도 자기표현을 할 용기가 충전됩니다. 그런 다음에 자기 의견을 말하면 됩니다.

"생각해 보니까, 놀이 규칙을 꼭 바꾸지 않아도 될 것 같아. 지금도 재미있잖아."

이렇게 단계를 거치며, 엄마와 역할극을 하듯 자기표현을 하는 연습을 해보세요. 처음부터 능숙하게 표현하기는 어렵겠지만, 일단 생각할 시간이 필요하다는 표현만 잘 해내도 아이의 마음에서 아쉬움이 꽤 많이 덜어질 것입니다.

네 생각을 똑바로 표현하라고 압박하지 말고, 생각하고 마음을 가다듬을 시간을 만들라고 알려 주세요. 그렇게 할 때 천천히나마 변화할 수 있고, 마음에 아쉬움이 남지 않는 아이로 성장할 수 있습니다.

24 행동변화 대화법

# 아이와의 애착 관계가 불안정하다고 느낄 때

### 평소 이렇게 말하고 있나요?

"초등학생이 무슨 인형 같은 걸 갖고 노니." (X)

"단짝 같은 게 뭐 중요하다고." (X)

"엄마는 곤충 같은 거 싫어. 밖에다 버려." (X)

### 이렇게 바꿔 말해 보세요.

"엄마가 동화책을 실감 나게 읽어 줄게." (O)

"직접 장난감을 만들고 그걸로 같이 놀이를 만들어 보자." (O)

"화분을 하나 선물해 줄 테니, 창가에 놓고 물도 주고 사랑도 주렴." (O)

## 안정된 애착은
## 인생의 모든 관계를 위한 반석입니다.

만 3세 이전까지의 애착 관계는 무척이나 중요합니다. 이 시기에 형성된 애착 형태는 대인관계의 기본인 '신뢰감'에 매우 큰 영향을 미치지요. 이때 누군가와 맺는 애착 관계는 사실 '전 생애적'으로 영향을 미칩니다. 꼭 부모가 아니더라도 할머니, 삼촌, 이모 등 자신을 전적으로 돌봐 주는 사람과의 관계에서 애착이 형성되면 타인에 대한 신뢰와 안정감을 갖게 됩니다.

애착을 형성했다는 건 그제야 마음 근육이 형성되었다는 의미입니다. 근육이 있다고 해서 바로 걷거나 뛸 수 있는 건 아니죠. 애착 형성 전에는 시선을 상대방에게 두지 못합니다. 즉 상대방의 말투나 몸짓, 표정 등을 읽을 수 있는 능력이 없다는 뜻입니다. 애착 경험 이후에야 다른 사람의 감정을 읽을 수 있는 단계에 들어설 수 있습니다.

이 '감정을 읽을 수 있는 능력'이 있어야 타인과 원만한 관계, 더 나아가 마음을 나누는 관계로 발전할 수 있습니다. 특히 초등 시기에 매우 중요한 친구 관계에 있어서도 상대방의 정서를 읽는 능력은 매우 중요합니다. 이 시기의 친구 관계는 대부분 인지력이 아닌 정서력을 통해 맺어지기 때문입니다.

아빠든 엄마든 직장생활이나 그 밖의 개인 사정으로, 유아기 자녀와 안정 애착을 형성하지 못했다고 판단되면, 초등 시기에 적절한 안정감을 느낄 수 있는 상황을 만들어 주어야 신뢰 관계를 회복할 수 있습니다. 적절한 안정감을 느낀다는 것은 지금 함께 있는 이 사람이 안전하고 친절하다고 인식하는 것입니다. 아래 제시하는 간접적인 방법부터 자녀와 함께 시도해 보세요. 처음에는 너무 직접적인 방법보다 매개체를 활용해서 아이의 마음에 다가가는 것이 효과적이기 때문입니다.

함께 식물을 키우고, 애완동물을 돌보고, 공감력을 키워 주는 동화책을 자주 읽어 주세요. 찰흙으로 사람이나 동물을 만든 후 상상의 나래를 펼쳐서 그것들에 생명력을 불어넣고 스토리를 만들고 소꿉놀이를 하면 무척 좋습니다. 이렇게 자신이 직접 만든 것에 인간적인 생명력을 부여하고, 나아가 외부로 공간을 넓혀 가며 함께 활동하면 타인과 관계를 맺는 능력을 형성하는 데 큰 힘이 됩니다. 특히 산, 바다, 강 등의 자연을 체험하는 활동이 좋습니다.

간접적으로 어느 정도 관계가 가까워졌다면, 이제 직접적으로도 다가설 차례입니다. 이때는 무엇보다 아이의 정서를 엄마나 아빠가 자주 알아차리고 되짚어 주는 과정이 필요합니다. 아이의 정서를 알아차려야 한다고 하면 너무 막연해 하며 무엇을 어디서부터 시작해야 하는지 잘 모르는 경우가 많습니다. 구체적으로는 신체적 욕구를 알아차리는 것부터 시작하면 됩니다. 예를 들어, 배가 고픈지, 추운지, 더운지, 아픈지 등을 확인합니다. 누군가가 나를 바라보며 욕구를 읽고 채워 준다는 것을 느끼기만 해도 신뢰감이 생깁니다. 그런 다음에는 욕구를 넘어 정서적인 측면을 바라보면서 아이가 슬픈지, 우울한지, 화가 나는지, 억울한지 등을 읽어 주면 됩니다. 이렇게 단계를 밟아 가는 동안 아이의 공감력이 자라납니다.

부모도 엄밀히 말하면 타인입니다. 타인이 나의 감각이나 욕구, 정서를 읽어 주는 경험을 하면 결국 아이도 비슷한 상황에서 타인의 욕구, 정서를 읽을 수 있게 됩니다. 그때쯤이면 친구들과 관계를 맺는 능력이 저절로 좋아지는 것을 볼 수 있습니다.

# 3장

# 가치관이 건강한 아이로 성장하기

- 방문을 걸어 잠그는 아이에게
- 하고 싶은 것도 좋아하는 것도 없다는 아이에게
- 엄마가 무기력해질 때
- 연예인에 빠져 사는 아이에게
- 이별에 대한 애도가 필요할 때
- '인싸'가 되고 싶은 아이에게
- 섭식장애가 의심될 때
- 자해를 시도한 사실을 알게 됐을 때
- 진로 결정에 도움이 되는 대화
- 훈육보다 아이에게 영향이 큰 부모의 습관
- 조부모만 줄 수 있는 것들
- 이성 친구를 사귀는 것을 알았을 때
- 초등 졸업 즈음에 도움이 되는 말

25 행동변화 대화법

# 방문을 걸어 잠그는 아이에게

## 평소 이렇게 말하고 있나요?

"넌 왜 맨날 문을 잠그니!" (X)

"또 문 잠그고 들어가면 문고리를 없애 버린다." (X)

"답답하지도 않니? 문을 왜 잠가?!" (X)

## 이렇게 바꿔 말해 보세요.

(방문을 잠그는 소리가 들렸을 때 마음속으로) '그래도 자기 방에서 안전감을 느껴서 다행이구나.' (O)

(잠긴 아이 방에 들어갈 일이 생겼을 때) "똑똑, 영희야~, 엄마야~." (O)

(방에 들어간 아이에게 할 말이 있을 때) "똑똑, 영희야, 밥 먹어~." (O)

※ 천천히 노크를 하고, 아이 이름을 부른 뒤, 엄마임을 밝힙니다.

※ 짧은 정보를 전달하거나 일상 대화를 할 때는 굳이 방문을 억지로 열라고 하지 않아도 됩니다. 방문을 열게 하느라 실랑이를 벌이지 않습니다. 진지한 대화가 필요할 때만 거실로 불러서 이야기를 나눕니다.

## 누구에게나
## 안전한 자기만의 공간이 필요합니다.

---

아이 방이 있고, 안방이 있고, 거실이 있습니다. 그런데 '엄마 방'은 없습니다. 나를 위한 공간이 없으면 조용한 불안이 찾아옵니다. 내가 불안하다는 사실도 의식하지 못한 채 가랑비에 옷 젖듯이 불안이 누적되지요. 그나마 부엌 식탁에 앉아 조용히 커피를 마시면서 내면의 안전감을 채웁니다.

아이들은 본능적으로 구석진 공간을 좋아합니다. 안전감이 들기 때문입니다. 어른도 비슷합니다. 지하철을 타면 맨 끝 구석진 자리에 앉습니다. 한쪽이라도 타인이 없는 안전한 장소를 선호합니다. 잠자리도 비슷합니다. 방 한가운데에 침대를 놓고 잠을 청하는 사람은 거의 없습니다. 한쪽 벽면에 침대를 붙여 놓고 잠을 잡니다.

정신분석학자이자 철학자인 에리히 프롬Erich Fromm은 누구나 자신을 보호하고 내면의 불확실성을 줄이기 위해 '자기 안전감'을 추구한다고 말합니다. 모든 사람이 자유와 안전감 사이에서 균형을 잡으려고 애쓰는 것이지요.

아이들은 노는 걸 좋아합니다. 그런데 조건이 있습니다. 안전하다고 생각되는 곳에서 놀고 싶어 합니다. 유아기에 놀이방에 데리고 가도 엄마가 근처에 있는지 중간중간 확인합니다. 엄마가 보이는 곳이라야 안전하다고 느끼기 때문입니다. 놀다가 엄마가 보이지 않으면 금방 불안해 하고 엄마를 찾아 나섭니다. 엄마가 아주 잠깐 집을 비운 사이에 유아기 아이가 엄마를 찾아서 집 밖으로 나오는 이유가 여기 있습니다. 아주 위험한 상황이지요.

초등생 아이에게 안전감을 주려면 노는 장소와 이동 경로를 명확하게 알려 주는 것이 좋습니다.

"여기 놀이터에서 놀아. 놀이터 바깥으로 나가지 말고."

"학원 끝나면 이 길을 걸어서 집으로 오면 돼. 배고프면 저기 편의점에서 뭐 사 먹고."

고학년 사춘기가 찾아오면 이제 자기 방에서 잘 나오려 하지 않습니다. 심지어 방문을 잠그기까지 하지요. 아이가 문 잠그고 들어가 나올 생각을 않는다고 한탄할 게 아니라, 그럴 만한 공간이 있다는 걸 다행으로 여겨야 합니다. 최소한 그곳에서는 아이가 안전감을 느끼는 것이니까요. 그러한 공간마저 없는 아이는 거리를 헤매게 됩니다.

어른이든 아이든, 외부로부터 타인으로부터 자신을 지켜 줄 안전한 사람과 공간을 찾게 되어 있습니다. 안전성을 보장해 주는 최소한의 사람과 공간이 없으면 필요 이상의 불안과 긴장을 안고 살아가게 됩니다. 금방 지치고 신경이 날카로워질 수밖에 없지요. 아이도, 엄마도 마찬가지입니다.

아이가 자기 방에 들어가서 꼼짝 않는다고 걱정하지 마세요. 안전감을 충전하고 있는 것이니까요.

26 행동변화 대화법

# 하고 싶은 것도 좋아하는 것도 없다는 아이에게

## 평소 이렇게 말하고 있나요?

(여러 경험을 해보게 하려고) "뭘 하고 싶니? 좋아하는 게 뭐야? 말만 해. 다 하게 해줄게." (X)

"몰라요. 없어요. 하기 싫어요."

## 이렇게 바꿔 말해 보세요.

(우리 아이가 잘할 수 있을 만한 것이 무엇인지 고민한 후) "영수야, 2학년 때 네가 그림 그린 걸 보니까 제법 잘 그리는 것 같아. 엄마가 보기에는 소질이 있어. 아파트 앞에 미술학원에 일단 한 학기만 다녀 봐." (O)

"싫어. 왜 물어보지도 않고 다니래."

"엄마가 너 학교 갈래 말래 물어보지 않았잖아. 학원도 마찬가지야. 엄마, 아빠가 보기에 네 교육에 필요하다고 생각되면 학원에 보낼 수 있는 거야. 일단 한 학기만 열심히 배워 봐. 혼자 그리는 거랑 전문가 선생님께 배우는 건 달라. 그림 실력이 훨씬 좋아질 거야." **(O)**

(학원을 보낸 후 그림 결과물을 가져와서) "이거 학원에서 그린 거야."

(칭찬해 주며) "이것 봐~. 역시 엄마 생각이 맞다니까. 그림에 소질이 있어. 네가 보기에도 멋지다는 생각 안 드니?" **(O)**

"내가 보기에도 좀 잘 그린 것 같긴 해."

# 하고 싶은 것이 없을 때는 일단 움직이게 합니다.

엄마: "피아노를 배워 보면 어때?"

아이: "싫어."

엄마: "그럼, 수영이나 태권도는?"

아이: "싫어."

엄마: "공부하라는 것도 아니잖아. 다른 애들은 다 최소 한 가지씩은 하고 있는데, 너도 뭐라도 해야지. 하고 싶은 거 뭐 없어?"

아이: "없어."

엄마: (답답하다는 듯) "그냥 맨날 학교만 갔다 와서 아무것도 안 하고 있으면 어떡해!"

아이: (짜증 내면서) "종이도 접고, 그림도 그리고, 문제집도 풀고 하잖아."

엄마: "아니, 그걸 얼마나 한다고? 종이접기 하고 싶다고 해서 책 사 줬는데 일주일 하다 말고, 만화 그려 보고 싶다고 해서 큰마음 먹고 태블릿 사 줬더니 결국 조금 하다가 유튜브만 보고, 문제집은 푼다고 말만 하지 지금 6개월이 지나도록 한 권도 못 풀고 있잖아!"

아이: "몰라. 생각보다 재미없는 걸 어떡해!"

○○○○○

아무것도 하기 싫다고 하고, 관심 가는 게 생겼는가 싶으면 금세 싫증 내고, 그냥 학교 갔다 와서 빈둥거리고 있는 아이를 보면 걱정이 앞서지요. 공부를 썩 잘하는 것도 아닌 것 같고, 공부가 아니라도 뭐든 괜찮으니 하고 싶다고 하면 하게 해줄 생각인데 아이는 요지부동입니다. 답답하지요.

"뭘 좋아해?"라는 질문은 사실 무척 애매모호합니다. 어떤 측면에서 보면 답이 명확하게 정해져 있는 질문이기도 하지요. 아이는 '노는 걸' 좋아합니다. 아이 입장에서 노는 것 외에 좋아하는 것을 찾게 하려면 '성취 동기'가 필요합니다. 처음에 호기심이 생겨서 뭔가를 해봤는데 아무런 성취감도 느끼지 못하면 재미를 금세 잃고 맙니다. 뭐든 조금이라도 성과가 있어야 도파민이 나와서 재미를 느낄 수 있습니다. 그래야 다음에 또 하고 싶어집니다. 축구를 하다가 골을 넣었다면, 그 짜릿함에 땀을 흘리면서 계속 뜁니다. 그냥 달리기를 하라고 하면 40분 내내 뛸 수가 없지요. 수학 문제를 풀고 있는데, 풀이 과정을 칭찬해 주는 엄마의 말에 더 어려운 문제를 풀고 싶다는 의욕이 생깁니다.

즉 뭔가 하고 싶은 것, 배우고 싶은 것, 꾸준히 하고 싶은 것을 아이에게 찾아 주고 싶다면 먼저 성취 경험을 할 수 있도록 도와야 합니다. 뭔가를 시작할 때는 성취 동기를 어떻게 느끼게 해줄지를 고려하세요. 그러자면 아이가 좋아하는 것보다는 잘할 수 있을 만한 것으로 시작하는 것이 좋습니다. 언어에 감각이 있는지, 예술에 대한 감수성이 민감한지, 운동 감각이 있는지, 논리적 사고가 빠른지 등을 염두에 둡니다. 자녀가 초등학생이 될 때까지 관심 있게 지켜봤다면 우리 아이가 어디에 재능이 있는지를 어렴풋하게나마 알게 됩니다. 만약 부모인 나도 잘 모르겠다면 초등학생용 진로적성 검사를 통해 도움을 받을 수 있습니다. 그 결과를 바탕으로 잘할 수 있는 것을 시작하고 경험하면서 성취감을 얻을 때까지 옆에서 살펴봐 주세요.

"뭘 좋아해?"라고 막연하게 묻기보다 아이가 잘하는 것을 알려주고 그것을 시작해 보자고 권하세요. 그리고 처음 한두 달은 관심있게 지켜보고 도와줍니다. 성실한 모습을 보이거나 과제를 수행할 때마다 기쁜 마음을 담아 담뿍 칭찬도 해주고요. 그때부터는 아이가 알아서 자신이 무엇을 좋아하는지 발견하게 됩니다.

27 행동변화 대화법

# 엄마가 무기력해질 때

### 평소 이렇게 말하고 있나요?

"엄마 귀찮게 좀 하지 말아 줄래." (X)

"엄마가 너 때문에 힘들어 죽겠다, 정말." (X)

### 이렇게 바꿔 말해 보세요.

"엄마가 오늘 안 먹어 본 라면을 사봤어. 어떤 맛일지 궁금하다." (O)

"네가 학원 가 있는 시간에 엄마는 검도를 배워 보기로 했어." (O)

"엄마 일본어 자격증 준비할 거야. 그래서 일본 영화를 자막 없이 볼 거야. 학원 강의를 들어야 하니까, 매주 화요일이랑 수요일 저녁에는 네가 알아서 챙겨 먹으렴." (O)

# 이제 어른이 될 시간이 왔습니다.

마음은 아직도 20~30대인데, 자녀가 고학년이 되면 어느새 마흔 중후반을 넘긴 자신을 보게 됩니다. 이뤄 놓은 것도 없는데 시간만 지나간 것 같습니다. 그렇다고 내가 하고 싶은 것을 이제라도 마음껏 할 수 있느냐, 그럴 수도 없습니다. 아직 챙기고 책임져야 할 것이 시시때때로 생겨납니다. 한다고 하는데도 뭔가 시원하게 해결되는 것도 없어 보입니다. 이 와중에 아이까지 사춘기가 와서 방에 들어가 방문을 잠가 버리면 답답한 마음이 몰려옵니다.

우선 지금 겪고 있는 힘겨움에 의미 부여하는 것을 멈출 필요가 있습니다. 주변에서 이런 말을 흔히 하지요.

"부모니까 당연히 희생하고 책임져야지."

"그땐 다들 그렇게 힘든 거야."

당연하게 힘든 일은 없습니다. 힘든 게 마땅한 시기도 없습니다. 남의 일이니까 그냥 할 수 있는 가벼운 말일 뿐입니다. 마냥 고통에 머물거나 고통을 감내할 것이 아니라, 그 고통 속에서 나를 꺼내야 합니다. 그저 참고 견뎌야 할 만큼 이 힘겨움에 정말 의미가 있는지를 직시해 보기를 권해 드립니다. 안타깝지만, 그 힘겨움과 고통을 놓지 못하고 스스로 붙잡은 채 의미를 더욱 무겁게 추가하는 경우가 많습니다. 그리고 그 고통을 자녀에게도 그대로 물려주지요. 고통을 붙잡고 있는 것이 의미 있는 행동이 아닙니다. 묶인 것을 풀어 줄 때 의미가 생겨납니다.

보건복지부 건강보험 관련 통계를 살펴보면 다른 연령대에 비해 40대 여성들의 우울증 심리치료 건수가 무척 높습니다. 이미 10여 년 전부터 그래 왔습니다. 우울하다고 자각하지 못하지만 몸이 먼저 무기력함으로 반응하는 경우도 많습니다. '인식하지 못하는 우울' 상태입니다. 무기력하다 보니 해야 할 일을 자꾸 미룹니다. 그러고는 자책하지요.

"내가 요즘 게을러졌네."

"내가 이래 가지고 엄마 자격이 있는 건가."

우울함과 무기력과 자책이 무한 반복되면서 삶을 포위하기 시작합니다. 이 시스템에 작은 균열을 만들어 내야 합니다. 평소에 하지 않던 사소한 행동을 하며 새로운 감각을 경험해 보면 좋습니다.

편의점에 가서 한 번도 먹어 보지 않은 라면을 삽니다. 그리고 먹어 봅니다. 막상 먹어 보니 맛이 별로라도 괜찮습니다. 그 자극이 무기력에 균열을 만듭니다. 평소 잘 사지 않던 과일을 먹어 봅니다. 새로운 맛이 미각을 깨워 무기력에 균열을 만듭니다. 즐겨보지 않던 장르의 영화를 봅니다. 그동안 잘 사용하지 않던 감정이 올라오고 무기력에 균열이 일어납니다. 무기력을 흔드는 힘은, 별것 아니라도 낯선 것을 해보는 경험에서 찾을 수 있습니다.

이러한 균열을 여러 개 만들고, 더 나아가 작은 것에도 감탄할 준비를 합니다. 내 아이를 위한다며 그 핑계로 잃어버린 열정을 되찾는 시기를 마냥 늦추지 않습니다. 지난 40여 년간 딸이라는 이유로, 아내라는 이유로, 엄마라는 이유로 미뤄 온 것을 보충합니다. 이제 딸, 며느리, 아내, 엄마가 아닌 '나'의 길에도 도전해 보세요. 그럴 때 자녀로부터 독립해서 진짜 어른이 되는 여정이 시작됩니다.

아이를 키우는 지난 세월 동안 엄마들은 '자아'의 자리에 '아이'를 채워 넣었습니다. 앞으로도 그 자리에 아이를 계속 두면 '나의 존재감'이 사라지고 맙니다. 엄마라는 이름 말고 '나'에게 어울리는 새로운 이름을 찾아보길 권합니다.

28 행동변화 대화법

# 연예인에 빠져 사는 아이에게

## 평소 이렇게 말하고 있나요?

"용돈을 연예인 굿즈 사는 데 쓰냐. 쓸데없이." (X)

"연예인 기사 볼 시간에 책을 읽어라." (X)

## 이렇게 바꿔 말해 보세요.

"이 아이돌 이름이 뭐야?(이름을 물어본 뒤 검색하고 공부한다.)" (O)

"(공부하고 나서) OOO 얼마 전에 앨범 나왔더라. 직접 작사한 거라는데. 나이도 어린데 어쩜 그렇게 가사에 감정을 잘 담아낼까?" (O)

"네가 좋아하는 OOO이 뮤지컬 주인공으로 나온다는데? 언제 같이 가서 볼까?" (O)

## 연예인에 빠진다는 건
## 나만의 롤모델을 찾고 싶다는 아이의 표현입니다.

여자아이들이 교실 한구석에 몰려 있습니다. 이윽고 탄성이 터져 나옵니다.

"와, 정말 멋지다~."

"콘서트에 가보면 소원이 없겠다~."

"이거 한정판인데 어떻게 구했어?"

가까이 가보니 아이돌 사진이 쫙 깔려 있습니다. 한 장씩 투명한 커버로 정성스럽게 포장되어 있습니다. 그냥 사진일 뿐인데 어떤 건 한 장에 5만 원도 넘는다고 합니다. 사진 개수로 보건대 얼추 계산해 봐도 수십만 원은 족히 넘어 보입니다.

사춘기에 접어든 아이들이 연예인에게 빠져드는 이유에는 여러 가지가 있습니다.

첫째, 정체성을 확립하고자 하는 갈망이 그 출발점입니다. 아이들은 그저 연예인이 멋있다는 이유로 좋아하지 않습니다. 이 점을 유념해야 합니다. 정체성을 가지려면 모델이 필요합니다. 모델을 발견하면 '나도 저 사람처럼 되고 싶다'는 소망이 생기고, 거기에서 정체성이 자라납니다. 연예인에게 빠져든다는 것은 그 사람의 취향, 스타일, 말, 행동 등을 보고 그것을 자신의 것으로 만들고 싶다는 내적 갈망의 표현입니다.

두 번째로, 사춘기에는 이전과는 다른 감정을 느끼고 다른 사람을 통해 그 감정을 간접적으로 체험하고자 합니다. 일종의 대리만족입니다. 노래, 영화, 드라마 속에 등장하는 인물에 감정을 이입하고, 지금 느끼는 이 감정이 나 혼자만의 것이 아니라 다른 누군가(비록 작품 속 역할이지만)도 느끼는 것이라는 데 동질감을 느낍니다.

세 번째는 아이가 연예인에게 빠져드는 이유인 동시에 결과라고 할 수 있는데요, 아이는 연예인을 통해 바람직한 사회적 역할을 배웁니다. 요즘에는 연예인을 두고 '선한 영향력'이라는 말을 많이들 사용합니다. 사회적 약자를 위해 기부하거나 불합리한 부분을 개선하고자 목소리를 내는 연예인을 두고 하는 말입니다. 그런 연예인들을 따라서 해당 연예인들의 팬들도 기부 등을 하는 움직임을 보입니다. 이처럼 아이들은 내가 좋아하는 연예인처럼 나 역시 사회의 일원으로서 뭔가 의미 있는 일을 하고 싶다고 생각하고, 실제로 행동도 함으로써 '사회적 인정 욕구'를 채웁니다. 반대로, 어느 연예인이 학교폭력이나 마약 등의 문제로 물의를 일으키면 공분하지요. 물론 아직 사회의 일원이라는 느낌을 받을 만큼 여물지는 않았지만 연예인의 사회적 활동을 보면서 무엇이 옳고 그른지 학습하고, 나 또한 '공공의 선'을 행하고 싶다는 기대감을 갖습니다.

연예인 좋아하는 데 시간을 낭비하지 말라고 말해 봤자 아이에게는 들리지 않습니다. 이때는 아이가 연예인의 어떤 부분에 빠져 있는지 살펴보고 거기서부터 대화의 물꼬를 터야 합니다. 누군가에게 푹 빠진다는 것은 삶의 활력소가 될 뿐 아니라, 정체성을 확립하고 감성을 풍부하게 하는 데도 도움이 됩니다. 연예인은 자신의 재능을 오랫동안 갈고닦아 실력으로 사람들에게 인정을 받은 사람들이지요. 사회적으로 긍정적인 역할을 하는 사람도 많고요. 그러한 장점을 아이가 배우고, 삶의 기준을 잡아 나가는 데 활용할 수 있도록 살짝 떨어져 계기를 만들어 주세요.

29 행동변화 대화법

# 이별에 대한 애도가 필요할 때

## 평소 이렇게 말하고 있나요?

"키우던 풍뎅이가 죽었네. 병균 옮을 수 있으니까 만지지 마. 엄마가 처리할게." (X)

"이제 어린애도 아니고, 지금은 섭섭해도 막상 전학 가면 좋은 친구 사귈 수 있을 거야." (X)

"아빠 보고 싶다고 말하면, 엄마가 힘든 거 알아 몰라." (X)

## 이렇게 바꿔 말해 보세요.

(종교가 있는 경우) "죽은 햄스터가 좋은 곳에 갈 수 있게 같이 마음 모아서 기도해 보자." (O)

"친한 친구들과 헤어지게 되어서 아쉽겠구나. 친구들에게 줄 작은 선물을 준비하거나 카드를 써보렴." (O)

"그래, 아빠가 보고 싶구나. 아빠랑 헤어지기로 결심한 건 엄마야. 너는 보고 싶으면 아빠한테 전화하면 돼. 아빠가 시간이 되면 약속하고 언제든 만나도 괜찮아." (O)

## 애도되지 않은 것은
## 언젠가 부메랑처럼 돌아와 나를 아프게 합니다.

심리학에서는 '애도 과정'을 무척 중요하게 생각합니다. 애도라고 하면 흔히 누군가 죽었을 때나 필요한 과정이라고 생각하는데 그렇지 않습니다. 작은 이별부터 큰 이별까지 애도가 필요한 순간이 많습니다. 특히 아이들 세상에는 어른들, 심지어 본인도 눈치채지 못하지만 애도의 시간이 필요할 때가 있습니다.

다른 학교로 전학을 갈 때 아이는 꽤 큰 스트레스를 받습니다. 그렇기 때문에 최소 전학 1~2주 정도 전에는 아이에게 알려 주는 것이 좋습니다. 다가올 슬픔을 준비할 수 있도록 말이지요. 미리 친한 친구들과 이야기를 나눌 시간을 갖고, 편지나 조그마한 선물을 주는 것도 좋습니다. 친구뿐 아니라 아이가 좋아하는 선생님이나 가까이 지내는 학원 선생님께도 인사를 드리게 하는 것이 좋습니다. 좋지 않은 이유로 전학을 갈 때는 그냥 조용히 학교를 떠나는 경우도 많은데요. 이유가 어떻든 아이 입장에서는 작별 인사를 나누고 싶은 대상이 있기 마련입니다. 아이에게 물어보고, 누군가에게 인사하고 싶다고 하면 그럴 기회를 주는 것이 좋습니다.

반려동물이 죽었을 때도 애도할 수 있도록 신경을 써주어야 합니다. 몇 년을 함께한 강아지나 고양이가 죽었을 때는 가족이 함께 슬픔을 나누며 애도의 시간을 갖는 경우가 많습니다. 그런데 붕어, 풍뎅이, 햄스터 같은 작은 반려동물이 죽었을 때는 애도 과정을 생략하는 경우가 많습니다. 아이가 학교에 간 사이에 죽으면 엄마, 아빠가 그냥 처리해 버리기도 하지요. 그러지 말고 장례 의식을 치러 주는 것이 좋습니다. 그리고 그 반려동물과 함께했던 순간을 기억하면서 어떨 때 행복했고, 어떤 부분을 신경 써주지 못해서 미안하다는 마음을 표현하는 것이 정말 중요합니다. 부족하고 아쉬웠던 마음을 표현하는 동안 내면의 무거운 짐이 덜어집니다. 아이가 지나치게 슬퍼하면 정서에 좋지 않을 거라고 생각해서 바로 다른 반려동물을 사 주기도 하는데 가장 안 좋은 대응 방법입니다. 그러면 애도하며 풀어내야 할 슬픔이 그대로 가슴에 남게 됩니다. 애도 과정은 남은 사람의 짐을 덜어 주는 역할도 하기 때문에 그 시간을 꼭 보장해 주어야 합니다.

엄마, 아빠가 이혼을 선택했을 때도 아이에게는 애도가 필요합니다. 영희라는 학생이 있는데, 학부모 상담 때 할머님이 오셨습니다. 오셔서 영희네 엄마, 아빠는 회사 일로 둘 다 바쁘니 필요할 때는 본인에게 전화를 달라고 당부를 하셨습니다. 맞벌이 가정에서는 종종 있는 일이라 알겠다고 했습니다. 그런데 학년 말에 아이와 면담을 하다가 사실은 엄마, 아빠가 이혼을 했고 아버지와 함께 사는데, 양육과 돌봄은 주로 할머님이 담당한다는 것을 알게 되었습니다. 아이는 이렇게 말했습니다.

"엄마는 종종 만나니까 괜찮아요."

1~2주에 한 번씩 만나니까 괜찮다니, 영희가 얼마나 자신을 억누르고 있는지가 보여서 안타까웠습니다. 아이는 애도하지 못하고 슬픔을 계속 가슴에 담아 둔 채 괜찮은 척을 하고 있었습니다. 그냥 엄마랑 같이 살고 싶다고 떼를 쓴다거나, 밤이면 너무 보고 싶다거나, 그렇게 떨어져 있는 엄마한테 화가 난다는 표현을 했다면 차라리 마음이 놓였을 것입니다. 엄마랑 함께 살지 못하는 데 대한 애도 과정을 건너뛰고 무작정 참는 모습이 보였습니다. 그 과정이 생략된 채로 성장하면 감춰진 슬픔이 왜곡된 증상으로 나타날 수 있습니다. 때로는 신체를 아프게 하는 증상으로 나타나기도 합니다. 엄마나 아빠 중 한 사람과 원치 않는 이별을 했다면 반드시 애도의 시간을 거쳐야 합니다. 아이가 엄마나 아빠를 너무 보고 싶어 한다면, 화를 내거나 나무라지 말고 그 감정을 그대로 인정하고 기다려 주세요.

30 행동변화 대화법

# '인싸'가 되고 싶은 아이에게

## 평소 이렇게 말하고 있나요?

"살부터 빼! 거울만 보고 있지 말고." (X)

"공부에만 신경 써. 공부만 잘해도 인기는 저절로 따라와." (X)

"인싸 같은 거에 왜 매달리니? 학교에서 인기 있는 거 나중에는 다 아무 소용없다니까." (X)

## 이렇게 바꿔 말해 보세요.

"네가 잘할 수 있는 걸 연구하고 노력하렴. 그리고 그걸 친구들에게 나눠 주는 거야." (O)

"누구든 잘하는 게 있기 마련이야. 네가 잘하는 걸 찾으렴. 그리고 그

걸 공유해 봐." (O)

"인싸 친구가 부럽구나. 그건 너도 누군가에게 인정을 받고 싶다는 뜻이거든. 지금 네가 할 수 있는 걸 열심히 해서 뭔가 성취를 해내면 돼. 그리고 그걸 친구들에게 알려 줘." (O)

## 겉으로 보이는 인기는 연기처럼 사라지지만 공감의 힘은 마음속에 강하게 남습니다.

초등학생에게 '인싸'란 친구가 많아 늘 아이들의 중심에 있고 부러움을 사는 대상입니다. 인싸의 유형은 워낙 다양합니다. 제일 먼저 떠오르는 유형은 '운동'을 잘하는 아이입니다. 축구, 농구, 달리기 등을 잘하기만 해도 그런 아이들은 탄성을 받으며 인기를 누립니다. 점심시간에 놀거나 게임을 할 때면 서로 자기 팀으로 데리고 가려고 합니다.

책상에 조용히 앉아 있으면서도 인싸인 아이들이 있습니다. 뭔가를 잘 만드는 아이들입니다. 최근 몇 년 사이에는 '종이접기' 잘하는 아이들이 인기가 많습니다. 아이들이 몰려드는 정도는 아니지만 인기가 꾸준합니다. 종이를 접어서 예쁘게 혹은 멋지게 뭔가를 만들어 냅니다. 단순히 종이접기만 잘해서는 부족합니다. 인심이 좋아야 합니다. 어떤 친구가 뭔가 만들어 달라고 부탁하면 색종이를 뚝딱 접어서 인심 쓰듯 전해 줍니다.

유머 감각이 있는 아이들도 빼놓을 수 없습니다. 유난히 친구들을 잘 웃기는 아이들이 있습니다. 시끄럽다고 선생님께 혼나도 별로 주눅 들지 않고 수업 중에도 친구들을 웃기지요. 새로 배운 어휘나 개념을 상상도 못 할 기발한 말로 바꿔 친구들을 웃깁니다. 다들 그 친구가 오늘 수업에서는 또 어떤 재미있는 말을 할까 기대합니다.

초등 아이들에게 특히 고학년 아이들에게 인싸가 된다는 건, 또래 집단에서 인정받는다는 의미입니다. 더불어 그룹에서 권력을 행사할 수도 있다는 뜻이지요. 그들의 스타일이나 행동이 또래 그룹에 영향을 미치기도 합니다. 이렇듯 자신의 존재감을 인정받고 영향력까지 미치는 인싸를 보고 다른 아이들도 점차 그렇게 되고 싶어 합니다.

진정한 의미의 인싸가 되는 방법을 사실 아이들은 잘 압니다. 아이들은 자기도 모르게 이런 감탄사를 내뱉습니다.

"철수는 세련되었는데 친절하기까지 해."

"영희는 예쁜데 마음도 예뻐."

"쟤는 운동도 잘하는데 매너도 짱이야."

눈에 보이는 능력이나 멋은 인싸의 충분조건이 아닙니다. 내적으로도 뭔가 있어야 합니다. 친절함, 선함, 배려, 공감이 필요합니다. 이것들을 함께 갖춘 아이가 '찐인싸'가 됩니다. 긍정적 의미의 인싸가 되려면 능력만이 아니라 착함을 겸비해야 한다고 말해 주면 알아듣습니다.

누구에게나 타인에게 인정받고자 하는 욕구가 있습니다. 초등 시기는 그 인정 욕구를 조절하는 방법을 배우는 중요한 때입니다. 인정받기 위해 어떤 건강한 노력을 기울여야 하는지, 인정받지 못하는 순간에도 어떻게 자신을 소중히 여기며 보듬을지를 배우는 것은 너무나 중요합니다. 우리 아이들이 인싸 욕심에 매몰되지 않았으면 좋겠습니다. 꼭 뭔가를 특출나게 잘하지 않아도 됩니다. 일상에서 소소하게 주변 사람들의 관심을 받는 것만으로도 인정 욕구는 충분히 채워집니다.

인싸 능력을 키워 주려고 하기보다 우리 아이가 밥은 먹고 다니는지, 편의점에서 어떤 걸 즐겨 사 먹는지, 춥지는 않은지, 공부 때문에 스트레스가 많지는 않은지 소소한 일상에 관심을 기울여 주세요. 그러한 관심을 받은 아이들이 '착함'을 겸비한 진짜 인싸가 될 수 있습니다. 다른 아이들의 감정을 잘 알아채고 공감하고 좋은 관계를 맺는 진짜 인싸, 즉 리더가 될 수 있습니다.

31 행동변화 대화법

# 섭식장애가 의심될 때

## 평소 이렇게 말하고 있나요?

"엄마가 평소 굶기는 것도 아닌데 왜 이렇게 많이 먹는 거야?" (X)

"너 또 토했니? 왜 그래? 소화가 잘 안 돼?" (X)

## 이렇게 바꿔 말해 보세요.

"어려운 일이 있으면 같이 상담받고 치료해 보자. 가서 네 마음을 털어놓기만 해도 충분해~." (O)

"엄마가 너랑 함께 있을 거야. 우리 딸은 혼자가 아니야~." (O)

"요새 계속 토하는 것 같은데 무슨 고민 있니? 무엇이든 괜찮아. 엄마가 판단 없이 그냥 네 이야기를 들어 줄 거야." (O)

## 평소와 다른 아이 모습,
## 단순 스트레스 때문이 아닐 수도 있습니다.

키와 몸무게는 아이들의 성장 발달에 있어 중요한 지표입니다. 초등학생 사이에서는 힘과 권력으로 작용되기도 합니다. 또 트라우마나 수치심의 요인이 되기도 하지요. 놀림거리가 되기 쉽고, 싸움이나 다툼이 시작되는 주요 이유이기도 합니다. 그러다 보니 많은 아이, 특히 사춘기 고학년 아이는 자신의 키와 몸무게에 민감한 반응을 보입니다.

국가기술표준원 자료를 보면 23년도 기준으로 10년 전보다 우리 아이들의 키가 평균적으로 남자는 약 4.3cm, 여자 약 2.8cm 더 큰 것으로 나옵니다. 성장 속도가 최고조에 이르는 시기를 성장 고점기라고 하는데, 이것도 10년 전보다 2년 정도 빨라졌습니다. 남학생은 14~15세(중학교 2~3학년), 여학생은 13~14세(중 1~2학년) 시기에 가장 많이 성장합니다. 이때는 건강과 수면을 잘 챙겨 줘야 합니다.

아이들은 키보다는 몸무게를 가지고 뚱뚱하다는 식으로 많이 놀립니다. 특히 여학생은 뚱뚱하지 않아도 몸무게에 민감하게 반응합니다. 10여 년 전보다 점심시간에 여학생들이 급식을 받는 양이 확실히 줄었습니다. 왜 그렇게 조금 받느냐고 물으면 배가 아프다고 하거나, 아침을 많이 먹어서 그렇다고, 입맛이 없다고 합니다. 이런저런 이유를 대지만 사실은 몸무게를 줄이려는 의도가 다분합니다.

가까운 일본의 경우 2019년과 2020년 사이에 10대 섭식장애 환자가 1.5배 이상 급증했다고 합니다. 우리나라에서도 섭식장애를 겪는 초등학생이 생기기 시작했는데 대응은 거의 전무합니다. 관련 교육도 없는 심각한 상황입니다. 학부모 또한 섭식장애에 대해 대부분 모릅니다. 한번은 면담 중에 한 어머님에게 이런 말을 들었습니다.

"우리 영희가 요즘에 학원 스트레스가 많은가 봐요. 소화도 잘 안 된다고 하고, 저녁에 퇴근하고 와서 화장실 청소를 하는데 변기 옆으로 구토한 흔적이 보이더라고요. 내과에 가볼 생각이긴 한데, 영희한테 물어보니 괜찮다고 해서요. 심각하게 생각하지는 않는데, 아무래도 학원을 좀 줄이는 게 스트레스 관리에 좋겠지요?"

그 말을 듣고 깜짝 놀랐습니다. '스트레스가 많다 적다, 학원을 보낸다 안 보낸다, 스트레스성 소화장애인 것 같다'라고 단순하게 판단하지 말고 일단 가까운 소아청소년정신과를 방문해서 섭식장애 관련 검사를 받아 보라 권했습니다. 섭식장애는 정신질환입니다. 정신질환 중에서도 중증으로 발전하면 사망률이 무척 높은 병입니다. 섭식장애로 고생하는 중고등학생의 이야기를 들어 보면 대부분이 초등 5~6학년 때에 증상이 시작되었다고 합니다.

얇은 손목과 발목에 집착하고, 폭식을 했다가 먹은 것을 토하고, 먹는 양을 극단적으로 줄이려는 모습 등은 꼭 주의해서 살펴야 합니다. 섭식장애는 심리·정서적인 우울감이나 외부 시선, 관계성 등 여러 요인에서 기인합니다. 저마다 다른 원인을 함께 찾아 주려 노력하는 동시에 진문적인 치료를 받아야 합니다.

32 행동변화 대화법

# 자해를 시도한 사실을 알게 됐을 때

### 평소 이렇게 말하고 있나요?

"언제부터 이런 거야! 이러다 잘못되면 큰일 나!" (X)

"아니 너한테 뭐가 힘든 일이 있다고 이런 행동을 하는 거야?" (X)

"이런 걸 지금 장난처럼 여기는 거니? 그렇게 철이 없니?" (X)

### 이렇게 바꿔 말해 보세요.

(손을 잡아 주며) "엄마가 모르는 힘든 일이 있었나 보구나." (O)

(안아 주며) "그동안 너 혼자 얼마나 힘들었니." (O)

"네 몸에 상처를 냈다고 해서 네가 못나거나 이상한 건 아니야. 그런 생각은 하지 마. 누구든 마음이 너무 힘들면 그런 충동을 느낄 수 있거

든. 찬찬히 같이 살펴보자. 어떤 것이 너를 힘들게 했는지." (O)

"엄마가 심리상담센터나 병원에 같이 가줄게. 엄마한테 말하기 어려운 게 있으면 거기 선생님께 다 말씀드려. 잘 도와주실 거야." (O)

## 상처는 상처를 부를 뿐,
## 결코 치유의 답이 될 수 없습니다.

설마 초등학생이 자해를 할 거라는 생각은 못 하는 경우가 많습니다. 여기서 자해란 자기 몸에 스스로 상처를 내는 행위를 말합니다. 당장은 생명에 지장이 없지만, 점점 더 그 강도가 심해져서 나중에는 생명에 위험을 초래하는 일로까지 이어집니다. 습관적으로 자해를 하는 아이들에게 언제 맨 처음 그러기 시작했느냐고 물어보면 대부분 초등학교 때라고 대답합니다.

자해를 시도하는 이유에는 여러 가지가 있습니다. 내면의 우울, 분노, 답답함, 억울함, 제어하기 어려운 충동, 관심 끌기, 의사소통의 어려움 등이 복합적으로 작용하지요. 이유는 다양해도 결국 현재의 고통을 잊기 위해서라는 공통점이 있습니다. 심리·정서적인 어려움을 신체에 상처를 내 고통을 통해 잊는 것입니다.

한 아이가 이런 말을 했습니다.

"피가 날 정도로 손가락을 찔렀더니, 마음이 편안해지는 것 같았어요."

우리 아이가 맨 처음에 자해한 사실을 알았을 때가 무척 중요합니다. 아이는 대부분 자해 사실을 감춥니다. 잘못인 줄 알기 때문이지요. 하지만 그 사실이 드러났을 때는 아이러니하게도 안심을 하고 희망을 겁니다.

'이런 사실을 알았으니까 내 진짜 고통을 살펴봐 주겠지.'

그런데 많은 엄마, 아빠에게는 아이 내면의 진짜 고통으로 시선으로 돌릴 여유가 없습니다. 너무 놀라고 당황한 나머지 '자해를 했다는 사실'에 매몰됩니다. 그래서 아이를 심하게 나무랍니다.

"너 미쳤어? 죽으려고 환장했어? 뭐 때문에? 왜!"

자해 시도는 무척 위험한 행동이 맞습니다. 그런데 그걸 멈추게 하려면 아이가 지금까지 얼마나 외로웠는지, 얼마나 불안했는지, 얼마나 내적 갈등이 많았는지 등을 인정하고 살펴봐 줘야 합니다. 그것이 시작이자 근본적인 해결책입니다. 아이의 행동이 아닌 마음에 시선을 둬야 합니다. 지금 당장 자해 행동을 멈추게 해야겠다는 생각에 아이 마음은 살피지 않고 심하게 꾸중을 하고 심지어 자해한 아이를 때리는 행위는 전혀 도움이 되지 않습니다. 오히려 역효과를 내기 쉽지요.

무슨 말을 어떻게 해야 할지 모를 때에는 일단 포옹부터 해줍니다. 그리고 혼자서 얼마나 힘들었느냐고 이해한다는 듯이 위로의 온기를 담아 등을 쓰다듬어 줍니다. 이야기를 충분히 들어 줍니다. 바로바로 응답하지 말고, 판단하지 말고, 논리적으로 대응하지 않습니다. 그런 일이 있었느냐고, 힘들었겠다고, 엄마는 그런 것도 모르고 있었다고 말하며 다독여 줍니다. 지금 당장은 엄마도 뭘 어떻게 해줘야 할지 모르겠지만, 적어도 너 혼자 외롭게 하지는 않겠다고 말해 줍니다. 필요하면 전문적인 상담을 받아 보자고, 병원에 같이 가주겠다고 말합니다.

한국 청소년의 사망 원인 1위가 '자살'이라는 사실을 잊으면 안 됩니다.

33 행동변화 대화법

# 진로 결정에 도움이 되는 대화

### 평소 이렇게 말하고 있나요?

"일단 공부하렴." (X)

"그건 그냥 취미로만 생각해." (X)

"나중에 커서 어떤 직업을 갖고 싶어?" (X)

### 이렇게 바꿔 말해 보세요.

"너는 언어 감각이 있는 것 같아. 배워 보고 싶은 외국어가 있니?" (O)

"진로 검사 결과를 보니 예술성이 높네. 너는 어떻게 생각해?" (O)

"여러 사람과 어울리면서 뭔가를 할 때 네 눈빛이 변하더라. 사람과 관련된 일을 하면 잘할 것 같아." (O)

## 진로는 인생이라는 배의 키와 같아서 일찍 잡으면 큰 파도도 두렵지 않습니다.

초등 5~6학년쯤 되면 엄마, 아빠 그리고 학교 선생님과 진로에 관한 이야기를 가끔씩이라도 나누기 시작할 필요가 있습니다. 당장 진로를 결정하자는 이야기가 아니라 진로에 대해 생각해 볼 수 있도록 자극을 주기 시작해야 한다는 거지요.

대한민국 청소년들은 대개 고등학교 때 대학교 진학을 앞두고 진로에 대해 진지하게 고민합니다. 고민의 범위도 학교 성적에 따라 제한되고요. 실질적으로는 고등학교에 진학하면서부터 큰 틀은 정해집니다. 일반고냐, 특성화고냐, 특목고냐에 따라 진로가 나뉘지요. 한번 정하고 나면 방향을 전환하기도 어렵습니다. 그때 정한 대로 3년을 보내게 됩니다. 그러니 진로에 대한 가장 중요한 결정은 중학교 시기에 내리는 셈입니다. 그리고 많은 경우 이때 적성이나 성향보다는 학교 성적에 따라 결정합니다.

이러한 상황을 보건대 초등학교 고학년, 중학교 입학 전에 어느 정도 큰 방향을 정해 놓아야 중학교에 진학해서 뚜렷한 목표를 가지고 준비를 할 수 있습니다. 그러지 않으면 중학교 2학년 정도가 지나서 학교 성적이 나온 이후에는 진로 선택의 폭이 좁아집니다.

진로에 대한 이야기를 나눌 때는 객관적인 데이터가 있으면 좋습니다. 인터넷에서 '커리어넷'을 찾아보면 교육부에서 지원하는 진로 검사를 무료로 받아 볼 수 있습니다. 초등학생 5~6학년용부터 중학생이나 고등학생용도 제공하고 있습니다. 여기서 기본적인 진로 검사를 받아 본 뒤 그 결과지를 이야기의 출발점으로 삼아 보기를 권합니다.

"꿈이 뭐니?"
"이다음에 뭐하면서 살고 싶니?"

이렇게 막연하면서도 꿈을 직업으로 한정하는 질문은 진로 선택에 별 도움이 되지 않습니다. 초등 고학년 때 진로를 탐색하며 해야 하는 것은 직업 선택이 아닙니다. 자신의 성향과 관심을 바탕으로 객관적인 방향을 설정하는 것이 목표입니다. 자신의 주된 흥미 유형(진취형, 안정형, 예술형, 탐구형, 사회형, 현실형 등)을 현실적으로 파악해 보는 것이지요. 이와 같은 성향과 특성을 인지한 후에 중학교에 입학하면 관련 동아리 활동, 진로탐색 활동 등을 통해 적성을 확인하거나 내실화를 꾀할 수 있습니다. 특히 중학교 시기에는 자유학기제라고 하여 자신의 진로를 찾아보는 다양한 체험 활동 기회가 마련되어 있는 만큼, 입학 전에 진로에 대한 큰 방향을 갖고 있으면 좋습니다.

5~6학년 학부모님을 대상으로 자녀의 진로상담을 하다 보면, 생각보다 아이의 성향과 적성을 객관적으로 바라보지 못하는 보호자가 많습니다. 인지력이 뛰어나고 탐구 능력이 높음에도 불구하고, 입시 스트레스로 고생할 거라는 걱정과 염려로 학습을 적당히 시키는 경우도 종종 보았습니다. 예술적 감각이 뛰어남에도, 그건 취미로만 생각하라고 강요하면서 과학고나 영재고 입시에 몰입하게 하는 경우도 있고요. 자녀의 성향을 객관적으로 파악하기만 해도 아이가 어디에 몰입하고 무엇을 준비해야 하는지 올바른 방향을 잡을 수 있습니다. 그 방향만 잡아도 초등 시기의 진로 결정은 성공입니다.

34 행동변화 대화법

# 훈육보다 아이에게 영향이 큰 부모의 습관

## 평소 이렇게 말하고 있나요?

(바닥에 있는 휴지를 발로 툭 차면서) "이거 주워서 버려." (X)

(스마트폰을 보면서) "아빠도 좀 쉬자." (X)

## 이렇게 바꿔 말해 보세요.

(몸을 돌려 아이와 시선을 맞추며) "엄마가 지금 많이 피곤해서 좀 쉬어야 할 것 같아." (O)

(소파에서 일어나 장난감을 건네며) "이 장난감 찾고 있었지?" (O)

(아이가 부를 때, 스마트폰을 내리고 아이와 시선을 맞추며) "그래, 무슨 일이니?" (O)

## 부모의 무의식적인 행동 하나가 아이의 마음속에 깊이 뿌리내립니다.

교사나 부모는 아이를 교육하는 위치에 있다 보니, 훈육을 한다는 이유로 아이들에게 많은 말을 하고 행동을 취합니다. 그런데 아이들은 부모나 교사가 의도를 갖고 하는 말이나 행동보다 무의식적인 말과 행동에서 더 큰 영향을 받습니다. 일상에서 부모가 습관적으로 하는 말과 행동이 훈육이나 지도보다 자녀 교육에 더 큰 영향을 미치는 것이지요.

무슨 일을 하든 무심코 발을 자주 사용하는 분들이 있습니다. 아이들을 발로 툭툭 치는 행동 등을 말하는 게 아닙니다. 그건 당연히 해서는 안 되는 행동이지요. 발을 사용하는 습관이란 이런 것입니다. 방문이 살짝 열려 있으면 무심코 발을 사용해 닫습니다. 리모컨을 달라는 말에 소파에 누워서 무심코 발로 툭 밀어서 건네줍니다. 귀찮으니 그럴 수도 있다고 생각하겠지요. 하지만 이런 사소하고 별것 아닌 습관이 아이들에게 부정적인 영향을 미칩니다.

손을 사용해야 할 일을 발로 하면 폭력적이라고까지 말할 수는 없겠지만, 최소한 보는 사람 입장에서는 존중받지 못하는 것처럼 느껴집니다. 세상에 그렇게 홀대하거나 소홀히 해도 되는 것이 있다고 생각하게 되지요. 학교에서도 화장실 문이나 교실 문 아래에는 아이들의 발자국이 많이 나 있습니다. 이는 공공시설을 소중하게 다루지 않는 모습으로 번져 나가지요. 일상에서 발이 아닌 손을 사용해 주세요. 그러면 아이는 그런 행동을 지켜보며 상대방을 존중하고, 함께 쓰는 물건을 소중히 여기는 태도를 배웁니다.

누군가와 대화할 때 고개만 돌릴 것이 아니라 몸을 돌려 말하는 습관도 중요합니다. 아이가 뭔가를 물어보거나 함께 놀자면서 다가올 때, 마침 엄마, 아빠가 바쁘지 않다면 충분히 함께해 줄 수 있을 겁니다. 그런데 해야 할 일이 있고 바쁜 경우, 혹은 매우 피곤한 경우에는 함께하기가 어렵습니다. 그럴 때라도 아이를 향해 잠시 몸을 돌리고 이야기를 해줘야 합니다. 20초 정도면 충분합니다. 엄마가 무얼 해야 해서, 아빠가 너무 졸려서 지금은 요구사항을 들어 줄 수 없다고 이야기합니다. 이때 아이를 향해 몸을 돌려서 말하면 비록 지금은 함께하지 못한다 해도 존중받았다고 느낍니다. 이럴 때 아이의 자존감도 올라가지요.

떼를 쓰더라도 아이는 압니다. 엄마가 나랑 놀기 싫어서 그러는 게 아니라 정말 바쁘거나 졸려서 그렇다는 것을 말이지요. 그것만으로도 충분합니다. 참고로, 아이가 떼를 쓰면 좀 더 단호하게 말해야 하는데 그때도 몸을 아이 쪽으로 돌려서 이야기하면 효과가 좋습니다. 이럴 때도 아이는 거절을 당하긴 했지만 동시에 존중받았다는 느낌을 받습니다.

훈육을 통해서 아이들의 행동이 변화하는 경우는 실질적으로 10% 미만입니다. 아이는 부모의 습관에 더 직접적인 영향을 받습니다. 습관적으로 하는 행동을 아이들은 매우 빠르게 포착해 냅니다. 내 작은 습관이 '상대방을 존중하는 모습'으로 읽힐지 아닐지를 생각해 주세요. 무심코 함부로 행동하다가도 그 기준을 떠올리면 바로잡을 수 있을 것입니다. 습관을 고치기란 쉽지 않은 일이지만 백 마디 말보다 아이에게 훨씬 강력한 영향을 미친다는 것을 꼭 기억해 주세요.

35 행동변화 대화법

# 조부모만 줄 수 있는 것들

## 평소 이렇게 말하고 있나요?

"할머니 집 가서 놀 생각 말고, 그냥 집에서 공부해." (X)

"너는 무슨 입맛이 할머니, 할아버지처럼 옛날 스타일이니?" (X)

"할머니가 맨날 오냐오냐하니까 네 버릇이 나빠진 거야." (X)

## 이렇게 바꿔 말해 보세요.

"이번 주말에 할머니 뵈러 가자." (O)

"할머니, 할아버지 덕분에 나물 반찬도 잘 먹는구나." (O)

"할아버지가 커다란 방패연을 잘 만드시거든. 이번 주말에 가서 같이 만들고 날려 보자." (O)

## 조부모의 큰 사랑으로
## 세상의 폭풍을 이겨 낼 힘을 얻습니다.

가정환경에 따라 아이가 어릴 때는 할머니, 할아버지가 주 양육자 역할을 하기도 합니다. 주 양육까지는 아니더라도 엄마, 아빠가 밤늦게까지 일하거나 지방으로 출장을 갔을 때, 이혼을 하거나 혹은 배우자가 사망했을 경우 그 빈자리를 조부모가 채워 주기도 합니다.

이런 상황에서 엄마나 아빠는, 혹은 할아버지, 할머니는 아이에게 일종의 '미안함'을 느낍니다. 내가 제대로 하고 있는지, 부족한 부분을 잘 채워 주고 있는지 걱정이 앞섭니다.

그런 분을 만나면 이렇게 말씀드립니다. 할머니, 할아버지가 주 양육자인 가정의 아이들이 참 잘 성장하는 모습을 본다고요.

아이가 어릴수록 할머니, 할아버지와 함께하는 시간은 서로에게 큰 도움이 됩니다. 크나큰 공감으로 엄마, 아빠가 주지 못하는 정서적 안정감을 주지요. 특히 미취학 시기에는 정기적으로 조부모가 돌봄에 참여하면 좋습니다. 주기적으로 만나기 어렵다면 되도록 자주 만남을 갖기를 권합니다. 할머니, 할아버지는 부모가 줄 수 없는 것을 아이에게 줍니다. 보충의 역할 이상이지요.

아이들의 웃는 모습이 젊은 성인에 비해 나이 든 노인에게 더 긍정적인 효과가 있다는 연구 결과가 있습니다. 2021년 11월 국제학술지 〈왕립학회 철학학술지 B Philosophical Transactions of the Royal Society B〉에 실린 내용입니다. 미국 에모리대학교 릴링James K. Rilling 교수 연구팀이 어린 손자가 있는 할머니 50명을 대상으로 사진을 보여 주면서 뇌 MRI를 찍었습니다. 릴링 교수는 '할머니는 손자가 웃고 있으면 그들의 기쁨을 느끼고, 울고 있으면 그 고통과 괴로움을 손자와 거의 같은 수준으로 느낀다'고 발표했습니다. 성장한 친자식의 사진을 보았을 때는 오히려 감정적 공감을 일으키는 부분보다 이성적 판단이 앞서는 부분이 더 활성화되었다고 합니다. 쉽게 말해, 부모 자식 사이보다 조부모와 손자 간에 감정적 애착이 더 잘 형성된다는 것이지요.

부모와 안정 애착을 형성하지 못했다 해도, 유년기 조부모와의 관계에서 안정 애착을 형성했다면 평생 아이가 건강한 자존감을 유지하는 데 큰 도움이 됩니다.

자녀가 어릴수록 부모보다 조부모와 감정 교환이 더 잘 이루어지기 때문에 미취학 시기에 더 효과적입니다. 그런데 유의할 사안이 있습니다. 어릴수록 좋다는 말은 바꿔 말해, 성장해 나갈수록 감정을 나누기가 점차 어려워진다는 뜻이기도 합니다.

아이들이 초등 고학년 사춘기가 되면 엄마, 아빠보다 조부모님이 적응하기 더 어려워합니다. 조부모의 뇌 코드는 여전히 손자의 감정에 맞춰져 있는데, 아이들은 점차 감정과 이성을 혼합하기 시작하기 때문이지요. 고학년 아이들은 조부모님의 감정적 접근을 통제라고 느낍니다. 이때는 우리 손자가 이제 다 컸다고 생각해 주고, 아쉽고 서운하더라도 거리감을 두는 것이 좋습니다. 청소년이 된 후에도 가끔 아이들은 감정적으로 지칠 때면 할머니, 할아버지의 정서적 에너지를 필요로 합니다. 그렇게 자발적으로 찾아올 때는 먹고 싶어 하는 음식을 해주거나 맛있는 것 한 그릇 사 주면 됩니다.

부모가 모든 것을 다 책임지고 가르치려 하기보다 일정 부분은 타인에게 도움을 받는 것도 좋습니다. 그중 조부모는 아주 탁월한 조력자입니다. 아이가 어릴수록 조부모의 깊은 애정을 몸과 마음으로 한껏 느낄 수 있는 환경을 만들어 주세요.

36 행동변화 대화법

# 이성 친구를 사귀는 것을 알았을 때

## 평소 이렇게 말하고 있나요?

"초등학생답게 예쁘게 사귀렴." (X)

"우리 딸 벌써 다 컸네. 좋아하는 사람도 생기고." (X)

"우리 아들이 좋아하는 여학생이 있다고? 공부에 방해되지 않을 정도로만 만나렴." (X)

## 이렇게 바꿔 말해 보세요.

"지금은 너무 좋겠지만, 언젠가 싫어지는 순간이 올 수도 있어. 그럼 헤어져도 돼." (O)

"너의 감정이 식으면 그만 만나자고 해도 돼." (O)

"너는 좋아해도 그 아이는 네가 싫어질 수도 있어. 그만 사귀자고 하면 받아들일 수도 있어야 해." (O)

※ 초등 시기는 이성을 잘 만나는 것이 아닌, 잘 헤어지는 법을 배우는 시기입니다. 나든 상대방이든 좋아하는 감정이 식으면 그것만으로도 헤어질 수 있음을 미리 알려 줍니다. 그래야 집착하거나 잘못된 애도를 하지 않게 됩니다. 잘 헤어지는 법을 먼저 알려 준 뒤, 본문의 '잘 사귀는 법'을 알려 줍니다.

# 예쁘게 만나라는 말을 하지 않습니다.

사춘기 아이의 최대 관심사는 뭐니 뭐니 해도 '이성 친구'입니다. 많은 학부모가 이 부분을 간과하고 사춘기 초입에 늘어난 아이의 짜증과 저항에만 초점을 맞추기 쉽습니다. 하지만 사춘기 시절 짜증이나 저항과 관련된 호르몬은 성적性的 호기심과 욕구에 관여하는 호르몬에 비하면 미약한 수준입니다.

예전에는 성교육을 하면서 남자아이의 성적 욕구가 여자아이의 성적 호기심보다 훨씬 더 강하다고 가르쳤습니다. 하지만 최근 10여 년간 교육 현장에서 마주한 현실은 다릅니다. 남자아이든 여자아이든 이성에 대한 호기심이 강하고 둘 다 신체 접촉을 하고자 하는 마음이 큽니다.

우리 아이에게 이성 친구가 생겼다는 것을 알았을 때, 하지 말아야 할 말이 있습니다. 바로 "예쁘게 잘 사귀라"는 표현입니다. 기성세대와 우리 아이들의 '예쁘게'는 그 의미가 하늘과 땅 차이입니다. 엄마, 아빠는 좋아하는 감정만 유지하고 대화를 주고받는 정도를 초등 수준의 '예쁘게'라고 생각하지요. 마치 1950년대 출간된 소설 『소나기』에 나오는 주인공 정도의 의식 수준입니다. 하지만 요즘 초등 아이들에게 '예쁘게'는 적어도 드라마 주인공처럼 포옹하고 키스하는 정도를 의미합니다.

우리 아이가 이성 친구를 만나기 시작했다면 구체적인 지침을 알려 주는 것이 좋습니다. 다음과 같은 것을 알려 줘야 엄마, 아빠가 말하는 '예쁘게' 수준의 사귐이 가능해집니다.

1. 학교의 빈 교실에 단둘이 있는 시간을 만들지 말 것.(요즘 학생 수가 줄어들어 학교에 빈 교실이 늘고 있습니다.)
2. 편의점에 단둘이 가지 말 것.(편의점에서 단둘이 컵라면과 삼각김밥을 사 먹습니다. 그러다가 단둘이 영화관을 가고, 단둘이 코인노래방을 가고, 단둘이 아무도 없는 놀이터에 갑니다.)
3. 학교 수학여행(1박 이상)을 갔을 때 단둘이 방에서 만나지 말 것.
4. 여러 친구와 함께 놀이공원에 가는 것은 괜찮음.(단둘은 안 됨)
5. 학교에서 여러 친구와 둘러앉아 게임을 하는 것 정도는 괜찮음.

6. 단둘이 SNS를 주고받거나 신체 일부의 사진 또는 영상을 주고받으면 절대 안 됨.(신체 일부를 사진이나 영상으로 찍어 주고받는 일이 일어나고 있습니다.)

이렇게까지 구체적으로 알려 줘야 하는지, 너무 심하게 제약하는 것은 아닌지 의구심이 들 수도 있습니다. 하지만 현실을 보면 이 정도의 지침은 제시해 줘야 합니다. 알려지고 드러나지 않았을 뿐, 실제 학교 현장의 빈 교실에서, 수학여행을 가서, 으슥한 놀이터에서 초등학생들의 신체적 접촉이 생각보다 자주 이루어집니다. 아이들 생각에는 그것이 예쁘게 사귀는 것이거든요. 드라마 등에서 그런 모습이 아름답게 표현되기 때문입니다. 위 지침을 구체적으로 알려 줘야 초등 시기에 어울리는 방식으로 이성 친구를 사귈 수 있습니다.

37 행동변화 대화법

# 초등 졸업 즈음에 도움이 되는 말

## 평소 이렇게 말하고 있나요?

"이제 친구들은 잊고 공부에 집중해야지. 이렇게 공부 안 하고 있다가는 성적이 엄청 떨어질 거야." (X)

"지금 6학년 때 친구들하고 카톡 할 때가 아니야." (X)

"정말 걱정이다. 그렇게 해서 중학교 가서 친구는 있겠니?" (X)

## 이렇게 바꿔 말해 보세요.

"졸업식 끝나고 친구들이랑 만나서 놀다 오렴." (O)

"초등학교 때 찍은 사진들을 앨범에 같이 정리하자." (O)

"6년 동안 초등학교를 잘 다녔구나. 참 잘했다." (O)

# 중학교 입학 전,
# 해야 할 건 예습만이 아닙니다.

6학년 담임을 하면서 학년 말 중학교 입학 배정 원서를 작성할 즈음이면 늘 애잔한 마음이 듭니다. 벌써 졸업이구나 하는 생각과 함께 아직 철없이 웃으며 떠드는 아이들을 봅니다. 아이들도 초등학교 시절이 끝나고 있음을 압니다. 그래서 남은 시간 동안 친구들과 추억을 만들기 위해 최선을 다합니다.

6년이라는 시간 동안 익숙해진 학교와 친구를 떠나 새로운 학교에 가서 낯선 친구를 사귀어야 한다는 부담감은 무척 큽니다. 대인관계에서 경험치를 쌓는 5~6학년 시기에 다양한 친구들과 소통하고 실수도 하고 아픔도 겪은 아이들은 그나마 새로운 환경으로 인한 긴장감이나 스트레스에 대한 저항력이 있습니다. 그럼에도 초등 졸업 후 중학교 입학을 기다리는 동안 높은 긴장감과 스트레스를 느끼는 아이들이 생각보다 많습니다.

이러한 스트레스가 신체화 반응으로 나타나기도 합니다. 감기 몸살을 앓는다던가, 이유 없이 배가 아프다고 하고 머리가 아프다고 합니다. 우울한 모습을 보일 수도 있고요. 또 강한 회피 반응으로 게임이나 스마트폰에 더욱 몰입하는 모습을 보이기도 합니다. 신체화 반응까지는 아니어도 감정 기복을 보이거나 예민하게 반응하기도 합니다.

이 시기에는 스트레스 강도를 낮추고 긴장감을 완화해 주는 데 초점을 맞추는 것이 좋습니다. 단기간에 이러한 효과를 얻을 수 있는 방법이 있습니다. 바로 몸을 움직이게 하는 겁니다. 운동이나 외부 활동이 큰 도움이 됩니다.

"네 나이 때는 약간 땀이 나게 운동하는 게 스트레스 해소에 좋대. 하고 싶은 운동 있으면 말하렴. 수영, 축구, 농구, 태권도, 격투기, 스케이트……, 뭐든 말해 봐. 한번 알아보고 배울 수 있게 해줄게. 몰입해서 운동하고 나면 기분이 아주 좋아져."

"바닷가 캠핑장에 가서 모닥불 피우고 맛있는 거 먹자! 아니면 강변에 가서 자전거 타고 편의점에서 컵라면 사 먹는 건 어때?"

여자아이들은 중학교 입학 배정 후에 단짝 친구들과 만나서 충분히 이야기를 나눌 수 있도록 해주면 좋습니다. 전화나 카톡으로 아쉬움을 달랠 수 있도록 그 시간을 보장해 줍니다.

"앞으로 만나기 어려워지니까 카톡으로 만나고 있구나. 주말에 학원 끝나고 친구랑 영화 보고 오는 거 어때?"

"엄마가 용돈 줄 테니, 친구들이랑 만나서 수다도 떨고, 맛있는 것도 사 먹고 오렴."

새로운 관계를 시작하려면 지난 관계에 대한 정리 또는 이별을 받아들이는 과정이 필수입니다. 그 과정이 중학교 입학 전에 이루어지면 가장 좋습니다. 초등 졸업 즈음 또는 중학교 1학년 초에, 6학년 때 친했던 친구와 만나서 수다를 떠는 것은 좋은 이별 의식이 됩니다.

중학교 입학을 앞두고 초등 시기에 봤던 동화책, 장난감, 교과서, 친구들과 주고받은 편지나 작은 선물을 정리하는 시간을 마련하는 것도 좋습니다. 함께 졸업앨범도 찬찬히 보면서 어떤 추억이 있었는지 이야기를 나눠 봅니다. 그리고 멋지고 근사한 선물상자를 준비해서 그 안에 잘 넣게 합니다. 상자 안에 넣은 뒤에는 뚜껑을 닫고, 아이 옷장 안 등에 깊숙이 넣어 둡니다.

별것 아닌 것 같지만 이런 구체적인 행동이 형식적으로나마 마음 정리를 도와주고, 새로움을 받아들일 심리적 여유를 만들어 줍니다. 새로운 시작에 앞서 과거를 곱게 정리해 담아두면, 아이의 내면이 새로움에 적응할 준비를 마칩니다.

# 4장

# 심리와 정서가 안정적인 아이로 성장하기

- 아동 발달 과정을 모른 채 자녀를 키우면
- 분노 조절을 못 하는 아이에게
- 엄마에게 툭하면 짜증 내는 아이에게
- 너무 산만한 아이에게
- 우울한 아이에게
- 틱 증상을 보이는 아이에게
- 매사에 시큰둥, 무기력한 아이에게
- 아이에게 단단한 마음을 길러 주는 말
- 발달 '퇴행'을 막으려면
- 평소 불안도가 높고 예민한 아이에게
- 스트레스에 약한 아이에게
- 음식에 집착하는 모습을 보인다면
- 학교 공개수업에 참석할 수 없을 때
- 학부모 상담 전에 아이에게 확인할 것들
- 욕구를 조절하기 어려워하는 아이에게
- 아이에게 평소 들려 주면 좋은 말

38 행동변화 대화법

# 아동 발달 과정을 모른 채 자녀를 키우면

### 평소 이렇게 말하고 있나요?

‘아니, 이렇게 많이 말해 줬으면 말귀를 알아들어야 할 것 아냐.’ (X)

‘도대체 이유를 모르겠네. 왜 맨날 큰 소리로 말하는 걸까?’ (X)

‘아니 왜 갑자기 이렇게 민감하게 구는 거야?’ (X)

### 이렇게 바꿔 말해 보세요.

‘지금 시선을 맞추고 얘기해 줄 필요가 있구나.’ (O)

‘공감이 필요한 순간이구나. 일단 잘 들어 줘야겠다.’ (O)

‘지금 이건 퇴행의 모습이네. 들어주지 말아야겠다.’ (O)

# 발달 지식은
# 부모의 가장 강력한 도구입니다.

심리학에는 세부 분야가 참 많습니다. 발달심리, 사회심리, 성격심리, 임상심리, 이상심리 등이 있지요. 이 가운데 엄마가 가장 알아야 할 부분은 '발달심리'입니다. 부모님이 아이의 발달 과정에 대한 기초지식만 알아도, 지난 3대가 겪은 실수를 물려주지 않을 수 있습니다.

아동 발달심리에서는 보통 크게 네 가지 주제를 다룹니다. 신체발달, 인지발달, 언어발달, 사회정서발달입니다. 각 발달 영역을 아기였을 때부터 동시에 골고루 살펴야 하는데, 흔히 지금 눈앞에 놓인 것만을 보기가 쉽습니다. 예를 들어 영유아기 때는 주로 신체발달에 관심을 많이 가집니다. 어린이집 시기부터 초등 저학년까지는 인지발달과 언어발달에 관심을 가집니다. 그러다 고학년 사춘기가 되거나 친구 관계에 어려움을 보이면 그제야 사회정서발달에 문제는 없는지 살피지요. 이렇게 시기별로 따로따로 보면 안 됩니다. 각 연령대별로 네 가지 발달을 종합적으로 볼 수 있어야 합니다. 예를 들어 아이가 옹알이를 시작할 때, 그 소리를 따라 한다거나 '아, 기분이 좋다고?' '배고파?'라는 식으로 옹알이에 반응 및 호응을 해주느냐 아니냐는 아이의 언어발달과 정서발달에 큰 영향을 줍니다. 두 가지 영역의 발달에 동시에 영향을 주는 것이지요. 이런 사소한 듯한 발달심리 관련 이론을 알고 있으면, 우리 아이의 전방위적 발달을 생활 속에서 지원할 수 있습니다.

지난 17년간 교육 현장에서 초등 아이들을 보아 왔고, 주로 5~6학년 고학년을 많이 맡았습니다. 똑같은 5~6학년이라도 신체발달, 인지발달, 언어발달 정도는 확실히 10여 년 전보다 좋아졌습니다. 걱정되는 지점은 인지적으로나 언어적으로는 발달 정도가 뛰어나지만 아이마다 격차가 무척이나 심해졌다는 사실입니다. 이러한 격차 문제는 앞으로 더 가속화될 것으로 보입니다.

또한 사회정서발달 부분은 전반적으로 정체되었거나 심지어 더 퇴화되었다는 인상을 받습니다. 좀 더 정확하게 표현하자면 '5~6학년 아이들의 사회정서발달 양상이 갈수록 혼란스러워지는 것 같다'는 생각이 듭니다. 공감력이나 관계 형성 능력, 감정 표현 등에 있어 1~2학년 수준에 머물러 있는 경우가 늘고 있습니다. 특히 부모님이 자녀의 사회정서발달에 대해 전혀 모르고 있다는 판단이 들 때가 많습니다.

예를 들어, 영희 어머니는 영희의 영어 수행능력에 대해 명확하게 판단하고 있습니다. 그 밖에 영희의 언어발달 수준이 어느 정도인지 잘 알고, 이러한 재능과 관련해 진학 및 진로 계획까지 로드맵을 그려 놓고 있습니다. 진로 부장인 저보다도 더 많은 정보를 알고 면담하러 옵니다. 그런데 영희가 어떤 부분에서 애착이 결여되어 있는지, 또래 관계에 왜 자꾸 집착하는지에 대해서는 전혀 감을 잡지 못합니다. 미리 결론을 이렇게 내고 상담을 합니다.

"우리 애는 그렇지 않은데, 다른 애가 이상해서 자꾸 이런 일이 벌어지는 것 같아요."

무슨 일이든 타인에게 그 원인을 돌리면 더 이상 진전하기 어렵습니다. 타인은 외부 환경이고 바꾸기 어려울 때가 많기 때문입니다. 아동발달 과정 이론서와 자녀교육서를 충분히 읽고, 시간을 들여 우리 아이를 관찰할 필요가 있습니다. 갑자기 아이가 낯설게 보이고 납득되지 않는 말과 행동에 서운해질 때가 올 것입니다. 아동발달 서적을 찬찬히 읽다 보면 엄마인 나의 유년시절도 보이고, 이전과 달리 아이에게 다가가는 길도 조금씩 보일 것입니다. 인지발달과 신체발달은 탁월한데 사회정서발달은 아직 어린아이 수준인 불균형을 이루지 않도록 다방면에 골고루 관심을 주기를 바랍니다.

39 행동변화 대화법

# 분노 조절을 못 하는 아이에게

## 평소 이렇게 말하고 있나요?

"화를 참으라니까. 왜 이렇게 작은 일에도 버럭 화를 내는 거야!" (X)

"몇 번을 말했어. 한 번만 더 그렇게 물건을 던지면 방에 가둬 버릴 거야." (X)

## 이렇게 바꿔 말해 보세요.

"네가 이렇게 제멋대로 화를 내는 건 마음이 아파서 그런 거야. 마음이 심한 감기에 걸린 거지. 병원에 가서 검사받고 치료하면 돼. 가서 의사 선생님 말씀 듣고 치료해 보자." (O)

"분노 조절을 치료하는 방법은 사람마다 다 달라. 병원에서 검사를 받아 보면 너한테 적합한 치료 방법을 알 수 있을 거야. 대화하면서 치료할 수도 있고, 그림 그리면서 치료할 수도 있고, 같이 놀면서 치료할 수도 있어. 약을 먹을 수도 있고. 한 번에 치료되지는 않아. 하지만 꾸준히 치료받으면 나을 수 있어. 병원 가서 잘 설명을 들어 보자." (O)

"나중에 중학생이나 고등학생이 되면 치료하는 데 시간이 더 오래 걸린대. 빨리 치료를 받을수록 치료 기간도 줄어드니까 오늘 바로 검사받으러 가보자." (O)

# 통제되지 않는 분노는 미래를 갉아먹는 독입니다.

분노 조절을 못 하는 아이가 있습니다. 분명하고 타당한 이유로 화를 내는 경우를 가리키는 게 아닙니다. 누가 나를 흘겨봤다는 이유로, 누가 나를 욕하는 것 같다는 이유로, 누가 옆에서 시끄럽게 군다는 이유로, 누가 나를 싫어하는 것 같다는 이유로 갑자기 물건을 집어 던지거나 바로 주먹이 나가거나 발로 차버리는 경우를 말하는 것입니다.

이런 상황을 자주 또는 아주 과격하게 반복하는 아이를 두고 '분노 조절 장애'가 있다고 말합니다. '장애'라는 표현에 주목해야 합니다. 심리학적으로 '장애'라는 표현이 들어가면 그 순간부터는 교육과 훈육만으로는 해결점이 보이지 않습니다. 심리적 치료 과정이 병행되어야 합니다. 교육보다는 치료 쪽으로 무게중심을 옮겨야 한다는 뜻이지요.

분노 조절이 잘 안 되는 아이는 여러 방법으로 설득하고 훈육하고 강하게 혼을 내봐도, 학년이 올라갈수록 문제 행동이 심해집니다. 이럴 때는 소아청소년정신과의 도움을 받아서 그 원인을 찾아야 합니다. 아이의 성향을 고려하고 환경에 변화를 주면서 적절한 치료를 해야 합니다. 나이가 어릴수록 치료 효과가 빠르게 나타납니다.

분노 조절이 안 되어 책상과 의자를 집어던지고 심지어 자해까지 하던 초등 1학년 아이가 적극적인 치료 과정을 통해 3개월 만에 호전되는 것을 봤습니다. 미취학 시기부터 분노 조절에 어려움을 겪었는데 2~3년 동안 가정에서 어떻게든 교육해 보려 했지만 아무 소용이 없었다고 합니다. 그런데 치료를 받아야겠다고 마음을 먹고 실행에 옮기자 2~3개월 만에 개선된 것입니다. 그나마 아직 저학년이었기 때문에 빠른 효과를 볼 수 있었습니다.

우리 아이든, 주변의 다른 아이든 분노를 조절하는 데 어려움을 겪는다면, 지체하지 말고 전문적인 치료를 받을 수 있도록 조치해야 합니다. 그것이 아이나 부모를 위한 가장 현명한 방법입니다.

분노 조절 장애를 안고 고학년이 되면 치료가 어려워질뿐더러 다른 심리적 영역에서도 어려움을 겪기 쉽습니다. 분노를 조절하지 못하는 자신을 탓하게 되고, 자학하고, 우울한 감정에 휩싸이고, 자존감이 바닥으로 내려앉습니다. 이렇게 심리적으로 무너지면 신체적인 병까지 오고 맙니다.

아이가 분노를 조절하는 데 어려움을 겪는다면, 엄마의 말이나 훈육, 교육만으로 문제가 해결될 거라는 '헛된 희망'을 버려야 합니다. 아이의 손을 잡고 소아청소년정신과를 방문하세요. 우리 아이가 객관적인 검사와 적합한 치료를 받을 수 있도록 해주세요.

40 행동변화 대화법

# 엄마에게 툭하면 짜증 내는 아이에게

## 평소 이렇게 말하고 있나요?

"왜 그렇게 엄마한테 함부로 짜증을 내는 거야?" (X)

"말해 봐. 왜 짜증이 났는지. 엄마가 같이 해결해 줄게." (X)

"넌 왜 맨날 엄마한테 짜증을 내? 엄마가 제일 만만하지?" (X)

## 이렇게 바꿔 말해 보세요.

(짜증의 원인이 엄마일 때) "이런 깜박하고 피자를 안 사 왔네. 미안! 지금이라도 배달시키자." (O)

(짜증의 원인이 엄마가 아닐 때) "우리 아들 짜증 났구나(형식적 공감). 엄마는 통화할 일이 있어서 방에서 전화를 해야 할 것 같아(자리를 피

함).”　　(0)

※ 짜증은 누군가 대신 풀어 줘야 하는 감정이 아닙니다. 엄마 때문에 생긴 감정이 아니라면 아이 스스로 그 짜증을 풀어 낼 수 있도록 자리를 비켜 줍니다. 엄마가 자녀의 ‘감정 쓰레기통’이 되지 않도록 유의합니다.

## 짜증을 마주할 때는
## 한 걸음 물러서서 바라보는 여유가 필요합니다.

엄마 말 잘 듣고, 묻는 말에 이것저것 대답도 잘 하던 아이가 어느 순간부터 '짜증'을 내기 시작합니다. 처음에는 비위를 맞춰 주고, 요즘 뭔가 안 좋은 일이 있는가 보다 하면서 봐주기도 하지요. 그런데 시간이 갈수록 짜증 빈도가 늘어나고, 짜증 낼 만한 일도 아닌데 엄마에게 함부로 말을 합니다.

흔히 생각하는 것과 달리 짜증은 사춘기 아이의 전유물이 아닙니다. 초등 저학년이나 미취학 시기에도 어느 날 갑자기 다른 아이가 되었나 싶을 만큼 짜증을 낼 수 있습니다. 요인은 여러 가지입니다. 일반적으로는 늘어난 스트레스와 압박감 때문이지요. 혹은 '적대적 반항장애' 때문일 수도 있습니다. 아동 및 청소년의 약 2~16% 정도가 가지고 있는 정신건강 문제인데, 거부하고 적대시하고 반항하는 행동이 최소 6개월 이상 지속되면 '적대적 반항장애'로 판단합니다. 이때는 인지행동 치료나 분노대처 훈련 등이 필요할 수도 있습니다.

여기서 꼭 기억해야 할 한 가지가 있습니다. '짜증은 감정'이라는 것이지요. 감정이란, 의도적이지 않고 계획적이지 않으며 갑자기 가슴 어딘가에서 불쑥 솟아나는 양태를 보입니다. 즉 예상치 못한 순간에 갑자기 치고 올라옵니다. '오늘 저녁에는 슬픔의 감정을 올라오게 해야지'라면서 감정을 계획하는 사람은 아무도 없지요. 마주하는 상황에 따라 감정이 달라집니다.

짜증도 감정이라서 같은 방식으로 작용합니다. 아이도 엄마를 무시하려는 의도를 갖고 짜증을 내는 게 아닙니다. 엄마를 힘들게 하려고 계획적으로 그러는 게 아닙니다. 이 사실을 기억하는 게 중요합니다. 아이는 그저 '짜증'이라는 감정이 갑자기 올라와서 그러는 것일 뿐입니다. 아이의 짜증에 똑같이 감정적으로 반응하기보다 한 걸음 물러서서 잠시 머리를 식히는 여유가 필요합니다.

그런 후 아이가 짜증을 낼 때 어떻게 대응을 할지, 이제 선택하면 됩니다. 아이의 짜증이 엄마인 나로 인해 생겼다면 짜증을 받아 주거나 사과합니다. 내가 뭔가를 해주기로 했는데 깜빡하고 약속을 지키지 못해서 아이가 짜증을 낸다면 그 원인은 나에게 있지요. 그러면 짜증을 받아 주면 됩니다. 미안하다고 사과도 하고요. 그리고 언제 어떻게 해줄지 다시 약속하면 됩니다. 하지만 원인이 엄마인 내게 있지 않은 사안이라면 짜증을 받아 주지 않아도 됩니다. 왜 짜증을 내느냐고 따지며 같이 짜증을 내라는 말이 아닙니다. 형식적인 공감 표현 정도만 하고 그 자리를 떠나라는 말입니다. 그것이 가장 현명한 방법입니다.

"음……, 우리 영희가 짜증이 났구나(형식적인 공감 표현)."

이 정도 공감 표현만 해주고 엄마는 엄마 방으로 가면 됩니다. 남은 짜증은 본인의 몫입니다. 학교에서 짜증스러운 일이 있었을 수도 있고, 뭔가가 답답해서 짜증이 날 수도 있습니다. 그 이유를 계속 물어보면서 아이의 짜증을 계속 받아 주지 마세요. 그렇게 아이의 감정에 끌려다니다 보면, 엄마가 아이의 '감정 쓰레기통'이 되고 맙니다. 그렇게 되면 엄마로서 행복감을 느끼기 어렵지요. 아이 몫의 짜증은 아이 스스로 그 감정을 삭일 수 있도록 자리를 피해 주세요.

41 행동변화 대화법

# 너무 산만한 아이에게

## 평소 이렇게 말하고 있나요?

"좀 가만히 있으라고! 정신이 없잖아." (X)

"여기는 뛰는 곳이 아니라니까." (X)

## 이렇게 바꿔 말해 보세요.

"한 시간 줄 테니까 저기 운동장에서 마음껏 뛰고 오렴." (O)

"복싱 수업 등록했어. 매일 체육관 가서 두 시간씩 땀 흘리고 와." (O)

"아빠랑 주말마다 자전거로 여행하자." (O)

## 산만하다는 건
## 에너지가 많다는 의미입니다.

산만한 아이들은 하루에도 몇 번씩 부정적인 상황에서 이름을 불리기 마련입니다.

"영수야, 설명부터 들어야지. 지금 실험 도구를 만지면 안 되지"

"철수야, 뛰지 말라니까!"

"민철아, 거기 가지 말라고 했잖아!"

산만하고 자기 마음대로 행동하는 아이는 혼이 나도 별로 기가 죽지 않습니다. 그래도 이렇게 이름이 부정적으로 자꾸 불리면 좋지 않은 정서가 누적되지요. 산만한 아이들을 심리검사 해보면 결과가 좋지 않은 경우가 많습니다. 표면상으로는 전혀 그렇게 보이지 않아도 자기 효능감이 낮거나 자신감이 없고 심지어 불안도가 높은 편입니다. 결과적으로 자존감도 생각보다 낮지요.

그렇다고 주변에 피해를 주는 행동과 표현을 하는데 그대로 두고 볼 수만도 없습니다. 이럴 때는 산만한 아이들이 집중하고 몰입할 수 있을 만한 활동을 찾아서 제공해 줄 필요가 있습니다. 그 산만한 에너지를 쏟아부을 수 있도록 말이지요. 온전히 집중할 수 있는 활동이나 환경을 제공해 주고 그 안에서 마음껏 자신의 에너지를 쏟아붓게 합니다.

예를 들어 몸을 격하게 움직일 수 있는 활동이 좋습니다. 축구가 대표적이지요. 공을 향해 달려가는 동안 산만한 에너지가 날아갑니다. 상대 선수와 적당한 몸싸움을 하는 동안 마음껏 에너지가 발산됩니다. 그런데 축구를 하려면 기술이 필요합니다. 드리블과 슛 연습을 해서 공을 잘 다룰 수 있어야 재미가 생기는데, 그 과정을 어려워하는 아이도 있습니다.

그럴 때는 격투기를 해도 괜찮습니다. 예를 들어 태권도, 복싱, 유도 등을 배울 수 있겠지요. 개인 대 개인으로 시합이 이루어지기 때문에 수시로 변하는 상대의 움직임을 읽어야 합니다. 산만한 아이는 주변의 변화에 민감하게 반응하기 때문에 이런 아이들에게 더없이 좋은 운동입니다. 상대의 빈틈을 노려 다리를 공격했다가 복부를 공격하면서 동시에 상대방의 공격을 방어하고 피해야 하는 상황이 아주 짧은 시간 안에 벌어집니다. 순간적으로 많은 변수에 대응하느라 온 에너지를 쏟아붓게 되지요. 그러다 보니 정신없이 시합을 하고 나면 깊은 만족감이 몰려옵니다. 잘했다는 칭찬을 들을 수도 있고요. 다음에는 더 잘하고 싶은 마음이 생겨서 연습을 자처합니다. 그렇게 두세 시간을 고되게 보내고 나면 산만한 에너지가 다 소진됩니다. 자존감도 높아지고요.

운동은 여학생들에게도 효과가 좋습니다. 축구, 농구, 태권도처럼 스피드와 자기조절력이 필요한 운동을 여학생이라고 해서 못할 이유가 없습니다. 산만한 고학년 여학생에게 방과 후에 남학생들과 축구를 하도록 하면, 산만한 에너지가 집중 에너지로 바뀌는 것을 종종 봅니다.

산만한 아이는 내적 에너지가 무척 높습니다. 그런데 가만히 있어야 하는 환경 속에 아이를 밀어 넣으면 아이는 무척 지루하고 답답하게 느끼게 마련입니다. 산만한 에너지를 마음껏 쏟아부어도 인정받을 수 있는 환경과 조건을 마련해 주세요.

42 행동변화 대화법

# 우울한 아이에게

## 평소 이렇게 말하고 있나요?

"기분이 왜 상한 건지 혼자서 잘 생각해 봐." (X)

"너 때문에 엄마가 지친다, 지쳐." (X)

"초등학생이 무슨 사춘기라고 짜증이야!" (X)

## 이렇게 바꿔 말해 보세요.

"엄마랑 나가서 자전거 타고 오자." (O)

"어제 엄마, 아빠가 싸운 건 너 때문이 아니야." (O)

"엄마가 요즘 힘든 건 회사 업무가 좀 많아서 피곤해서 그래. 그래도 우리 딸 얼굴 보니까 기분이 좋아지네." (O)

# 우울은
# 조용하게 엄습합니다.

어린이는 우울증을 겪지 않는다고 알고 있는 학부모님이 의외로 많습니다. 어린애가 뭐 걱정할 게 있어서 우울하냐는 것이지요. 그냥 일시적으로 기분이 조금 가라앉은 정도라고 여깁니다. 하지만 소아청소년 다섯 명 중 한 명은 '우울삽화'를 경험한다고 합니다. 우울삽화란 우울한 감정이 2주 이상 이어지는 것을 의미하는데요. 이러한 우울삽화가 반복되는 경우 우울증이라고 할 수 있습니다. 초등 시기에 우울삽화의 빈도가 잦은데, 제대로 치료하지 않으면 성인이 되어 만성 우울증을 앓을 수도 있습니다.

부모님은 아이가 우울하다는 걸 잘 모를 수 있습니다. 기분이 가라앉은 상태나 침울한 표정으로만 우울이 드러나는 것은 아니기 때문인데요. 특히 어린이는 우울한 감정을 어떻게 표현해야 하는지 모를 수 있습니다. 그러다 보니 자주 짜증을 내는 방식으로 표현하거나 마치 사춘기 아이처럼 저항하는 모습을 보이기도 합니다. 이 모습을 본 부모님은 사춘기가 왔나 보다 하면서 적당히 지나가기를 기다리기도 합니다.

우울증은 소아청소년정신과에서 전문 진단 도구를 통해 파악하는 것이 좋습니다. 진단이 정확해야 어떤 치료 과정을 택할지 정할 수 있습니다. 우울의 원인은 다양합니다. 학업 스트레스, 가족 문제, 친구 문제 등이 주요 요인입니다. 어느 하나가 원인이라기보다 서로 복합적으로 얽혀 있는 경우가 많지요. 또 부모의 우울이 아이에게 영향을 미쳤을 가능성도 크기 때문에 엄마, 아빠도 함께 진단을 받아 보는 것이 좋습니다.

아이에게 우울한 증상이 지속되면 되도록 혼자 두지 않습니다. 친구들과 운동을 함께하는 것이 가장 좋습니다. 정기적으로 운동을 하는 아이는 우울증에 걸릴 확률이 무척 낮습니다. 친구와 함께 운동할 기회가 없다면 엄마나 아빠와 자전거 타기, 배드민턴 등을 합니다. 학교 방과후 교실에서도 운동 관련 수업을 신청하는 것이 좋습니다.

우울한 아이는 자책감을 느낀다는 특징이 있습니다. 엄마, 아빠가 싸우는 것도 나 때문인 것 같고, 내가 잘못해서 우리 엄마가 힘들어 하는 것 같고, 나 때문에 우리 집 강아지가 죽은 것 같고 등등 계속 스스로를 탓하지요. 이런 비합리적인 생각이 하나둘 쌓이면 우울이 가속화됩니다.

아이의 이야기를 잘 듣고, 혹시 어떤 부분에서 자책을 하고 있지는 않은지 살펴봐 줘야 합니다. 그리고 그것은 아이의 책임이 아니라고 분명히 알려 줍니다. 설령 잘못한 부분이 있더라도 충분히 용서받을 수 있다는 것을 인지하게 해줍니다. 권위 있는 어른이 그건 너의 잘못이 아니라는 말을 해줄 때, 우울한 아이는 작은 해방감을 느끼기 시작합니다.

43 행동변화 대화법

# 틱 증상을 보이는 아이에게

### 평소 이렇게 말하고 있나요?

"머리카락을 왜 자꾸 잡아당겨! 그런 거 하지 말랬지!" (X)

"좀 참아 봐. 눈을 자꾸 그렇게 깜박거리면 다른 애들이 바보라고 놀린다니까!" (X)

"왜 자꾸 이상한 소리를 내는 거니? 더럽잖아!" (X)

### 이렇게 바꿔 말해 보세요.

"틱은 시간이 지나면 모르는 사이 저절로 사라져. 괜찮아질 거야." (O)

"가끔 몸이 마음대로 움직일 때가 있어. 그걸 틱이라고 해. 괜찮아. 금방 사라져." (O)

"네가 일부러 머리카락을 잡아당기는 건 아니거든. 우연히 그렇게 해봤는데 뭔가 시원했다거나 좀 편안해져서 그렇게 반응하는 거지. 네 잘못이 아니야. 운동하거나 장난감 만들기 같은 걸 해보렴. 대부분 시간이 지나면 없어져." (O)

※ 가벼운 틱은 모르는 척 지나가 주는 것이 좋습니다. 하지만 틱으로 인해 놀림을 받거나 주변 다른 어른에게 핀잔을 들어서 불안한 모습을 보이고 고민하거나 눈치를 볼 때면 위처럼 잘 설명해 주고 아이의 잘못이 아니라고 다독여 주는 것이 좋습니다.

## 때로는 지나친 관심이 작은 증상을 키웁니다.

하루하루 별일 없이 지나가다가 갑자기 아이에게 틱 증상이 보이면 가슴이 덜컥합니다. 틱은 정말 다양한 모습으로 나타나는데요. 보통 운동성 틱(눈 깜박임, 얼굴 찡그림, 어깨 으쓱거림, 팔다리의 반복적 움직임, 반복적인 손가락 힘주기 등)이나 음성 틱(킁킁거림, 반복적인 기침, 반복적인 허밍, 반복적인 훌쩍거림, 특정한 소리나 음절을 반복함) 증상을 보입니다.

틱 증상의 이유 또한 무척 다양합니다. 유전적 요인, 스트레스 및 불안, 피로감 누적, 강박적 환경, 충동 조절의 어려움 등이 틱을 유발할 수 있습니다. 특정한 한 가지가 아니라 여러 요인이 복합적으로 작용해서 나타나기도 하고요.

일단 아이가 틱 증상을 보인다면 한 가지 생각을 의식적으로 떠올리세요.

'대부분의 틱은 시간이 지나면 약해지고 사라진다.'

틱 증상을 보이는 아이는 처음에는 자신의 행동을 의식하지 못합니다. 그런데 엄마나 아빠가 그 모습을 보고 놀라며 혼을 내면 그때부터는 증상이 의식됩니다. 내가 뭔가 계속 잘못된 행동을 하고 있다는 의식이 반복되면 불안이 더욱 자극됩니다. 대부분의 틱 증상은 성장하면서 자연스럽게 개선됩니다. 큰일 났다는 식으로 호들갑스럽게 급히 치료를 받게 하기보다 일단 몇 개월 정도 경과를 지켜볼 필요가 있습니다. 물론 이때도 아이가 의식하지 않도록 그냥 살펴보는 정도면 됩니다. 틱에 집중하기보다 다음과 같은 것들에 신경을 써주는 것이 더 좋습니다.

1. 잠을 충분히 자고 있는가?
2. 건강한 식습관을 유지하는가?
3. 규칙적인 운동을 하고 있는가?
4. 적절한 야외활동을 하고 있는가?
5. 하루 과제, 학원 수업 양이 적정한가?
6. 전자기기 사용에 중독되지는 않았는가?

위와 같은 내용을 되짚어 보면서 아이가 일상생활에서 적절한 활동성과 좋은 식습관, 잠을 잘 자는 습관을 갖추도록 해주고, 스트레스 저항력을 높여 주면 대부분의 틱은 자기도 모르게 사라집니다. 단, 다음과 같은 경우에는 병원을 찾아가 원인을 찾고 치료를 받을 필요가 있습니다.

1. 개인마다 상황은 다르지만 3개월 이상 지속되면 병원 상담을 받습니다.
2. 틱 증상이 일상에 어려움을 준다면 더 빨리 찾아가 상담을 받습니다.
3. 하나가 아니라 여러 개 틱 증상이 동시에 나타나면 바로 병원을 찾습니다.
4. 틱과 함께 정서적으로 문제가 발생하면 병원을 찾습니다. (예: 높은 불안, 분노 등)

아이의 틱 증상에 대한 부모의 첫 반응이 매우 중요합니다. 지레 겁을 먹거나 지나치게 불안해 하지 마세요. 부모의 불안이 아이에게 전이되지 않도록 합니다.

44 행동변화 대화법

# 매사에 시큰둥, 무기력한 아이에게

## 평소 이렇게 말하고 있나요?

"겨우 이런 걸 실수하다니!" (X)

"이 정도는 다른 애들도 다 하는 거야." (X)

"의지력을 갖고 좀 해봐." (X)

## 이렇게 바꿔 말해 보세요.

"괜찮아. 일단 잘 먹고 쉬렴. 노력한 거 다 알아. 그거면 됐지." (O)

"자, 아빠랑 축구 하고 오자." (O)

"단계를 성급히 높이지 말고, 기초를 탄탄하게 다지자." (O)

# 한 걸음의 실천이
# 무기력을 무너뜨립니다.

아무것도 하고자 하는 의지가 없는 무기력한 아이들이 늘고 있습니다. 세상만사 흥미로울 것도, 두려울 것도, 설렐 것도 없다는 듯 의욕 없는 표정으로 앉아 있지요. 무기력은 우울로 연결되는 통로이기 때문에 그 원인을 잘 살펴보고 아이를 잘 돌봐 줘야 합니다. 무기력의 대표적인 원인으로는 반복된 실패를 들 수 있습니다. 아이들은 물론 실패하면서 성장합니다. 문제는 아이들의 회복탄력성이 감당하지 못할 만큼의 지속적인 실패에 있습니다. 스프링이 늘어날 대로 늘어나서 탄성을 잃고 원래 모양으로 복귀하지 못하는 것이지요. 이를 방지하기 위해서는 몇 번 비슷한 실패를 반복하면 단계 또는 목표치를 살짝 낮추어 줘야 합니다. "넌 할 수 있어"라며 의지력만을 강요하거나 "반드시 해내야 해"라며 압박감을 주며 밀어붙이는 상황이 누적되면 아이는 회복탄력성을 잃고 맙니다.

초등 시기 학업과 관련해서는 복습만 조금 해줘도 학습된 무기력에 빠질 일이 없습니다. 학습된 무기력이란, 아무리 노력해도 더는 나아질 수 없다는 심리적 단정 상태를 말합니다. 이전에는 학습부진 학생에게서 주로 학습된 무기력이 보였는데, 최근에는 상위그룹 아이들에게서 그러한 모습이 더 많이 보입니다. 하루에 몇 시간씩 학원에 가고, 두 시간 이상 숙제를 하고, 학원 테스트를 봐도, 최상위권에는 올라갈 수 없는 상황을 자꾸만 맞닥뜨리기 때문입니다. 해도 안 되는구나 싶은 상황을 몇 번이고 마주하면서 아이들은 무기력을 학습합니다.

무력감을 느끼는 아이들에게 '부정적 보상'을 하지 않도록 유의해야 합니다. 보상에는 긍정적 보상과 부정적 보상이 있습니다. 철수가 공부를 잘합니다. 시험에서 1등을 했습니다. 엄마가 잘했다고 칭찬합니다. 피곤할 테니 방에 들어가 쉬라고 말합니다. '칭찬과 휴식'이라는 긍정적 보상입니다. 어느 날 철수가 실수해서 안타깝게 한 문제 차이로 2등을 했습니다. 엄마의 표정이 바뀝니다. '겨우 이런 걸 실수해서 2등을 하고' 하는 한심하다는 눈빛으로 바라봅니다. 그 눈빛은 부정적 보상입니다. 그런데 스트레스가 누적되고 강한 압박감을 느껴 온 철수에게는 이러한 부정적 보상이 지난 열 번의 긍정적 보상을 무너뜨릴 만한 무게감으로 다가옵니다. 그러면 그 순간 회복탄력성을 놓아 버릴 수 있습니다.

일단 부정적 보상을 하지 않는 것이 가장 중요하고, 그다음으로는 조급하게 성공의 기회를 다시 주려고 한다거나 공허한 칭찬으로 긍정적 보상을 하려 하지 않는 것이 좋습니다. 우선은 잘 먹이세요. 잘했을 때만 치킨, 피자, 떡볶이 등 아이가 좋아하는 음식을 먹이는 게 아닙니다. 잘못했을 때도, 기운 내라고 말하면서 잘 먹여야 합니다. 아이든 어른이든 누군가 내게 밥은 먹었느냐고 따뜻하게 말하면서 대접해 주면, 위로를 받고 무력감을 막아 낼 수 있습니다.

교육부와 질병관리청의 통계에 따르면 2022년 기준으로 아동청소년 열 명 중 네 명은 아침을 안 먹고 등교한다고 합니다. 학습에는 생각보다 에너지가 무척 많이 듭니다. 그런데 학습을 해야 하는 아이가 아침을 먹지 않고 등교한다는 건 언제든 무력해질 준비를 하고 학교에 가는 것과 마찬가지입니다. 반드시 뭐든 먹이고 학교에 보내는 것이 좋습니다.

계획을 너무 세밀하게 하는 아이도 무기력에 빠질 위험이 있습니다. 아이는 실패에 대한 불안을 견뎌 내기 위해 무척 애를 쓰면서 어떻게든 완벽한 조건을 만들기 위해 고민하고 또 고민합니다. 이렇게 완벽하게 준비했는데 실패하면 무력감이 더 커집니다. 중요한 것은 완벽한 계획이 아니라 실행력입니다. 지나치게 세밀하게 계획을 짜는 것은 무기력을 연장하는 것과 다름없습니다.

정신과 의사 윤홍균 박사는 『자존감 수업』에서 "무기력에서 빠져나오려면 일단 움직여야 합니다"라고 말합니다. 무언가를 시작해야 한다는 의미도 있지만 실제로 몸을 움직여야 한다는 것이지요. 너무 오랫동안 책상에만 앉아 있도록 하는 것은 아이에게 무기력을 주입하는 가장 확실한 방법입니다. 뛰는 아이는 무기력에 빠져들지 않습니다.

45 행동변화 대화법

# 아이에게 단단한 마음을 길러 주는 말

## 평소 이렇게 말하고 있나요?

"그렇게 해서 되겠냐?" (X)

"맨날 얘기하면 뭐 해. 그렇게 마음이 약해서 뭔들 해내겠어." (X)

"잘 좀 해보라고. 그렇게 하면 안 돼!" (X)

## 이렇게 바꿔 말해 보세요.

"그래, 어제는 못 했구나. 괜찮아. 멈추지만 않으면 돼. 오늘 다시 해보자." (O)

"책 읽는 습관이 잘 잡혔구나. 다른 좋은 습관도 하나 더 늘려 보자. 어떤 습관이 필요하다고 생각하니?" (O)

“그동안 네가 그린 그림을 모아 놓았어. 이것 봐. 매일 한두 장씩만 그려도 이렇게 스케치북이 몇 권이나 가득 찼잖아. 중요한 건 한두 장이라도 이렇게 매일 그리는 거야. 다른 것도 목표하는 게 있으면 이렇게 조금씩이라도 매일 해봐. 그러면 멀게만 보이는 것도 다 성취하게 되어 있어.” (O)

“다른 사람이 뭐라고 하든 네가 잘못한 일이 아니라면 흔들릴 필요가 없어. 너는 지금까지 해온 것처럼 꾸준히 하면 되는 거야. 그러면 원하는 만큼 이뤄 낼 수 있어.” (O)

# 매일의 작은 습관이 마음의 근육을 강하게 키워 줍니다.

어떤 상황에서도 우리 아이가 주눅 들지 않고, 자신감 넘치고, 도전을 망설이지 않고, 실패해도 다음을 계획하고, 친구 관계에 당당하고, 슬픔과 고통을 용감하게 직면했으면 좋겠지요. 아마 모든 부모가 우리 아이가 이렇게 건강하고 단단한 마음을 갖기를 바랄 겁니다. 그러려면 어떻게 해야 할까요?

친구가 놀립니다.

"넌 달리기도 이상하게 하냐~."

어떤 아이는 그 말에 주눅이 들어서 체육 시간이 다가오면 머리가 아픕니다. 보건실에 간다고 하고 10분이 지나서야 운동장에 나옵니다. 그런데 어떤 아이는 그런 말에 아랑곳하지 않지요. 전혀 신경 쓰지 않고 자기 스타일대로 뛰고, 경기에 참여합니다.

놀이를 주도적으로 이끄는 아이가 말을 툭 던집니다.

"내 말대로 안 하면 다음에는 놀이에 안 끼워 준다!"

어떤 아이는 그 말에 다음에 혹시 같이 못 놀까 봐 노심초사하면서 그 아이가 정한 규칙을 따릅니다. 반면 그런 게 어디 있냐며, 공정한 규칙을 대안으로 제시하는 아이도 있습니다. 또는 과감하게 그 그룹에서 나와서 다른 친구들과 어울리는 선택을 합니다.

마음이 단단하다는 말에는 여러 의미가 담겨 있습니다. 마음이 단단한 아이는 자존감이 높고, 실패해도 다시 도전하고, 관계가 무너지는 것을 걱정하면서도 더 좋은 관계를 만들기 위해 스스로 선택합니다. 그런 아이들에게 무슨 엄청난 숨은 능력이 있을 거라고 생각하기 쉽지만, 그렇지도 않습니다. 작은 일을 꾸준히 해내는 좋은 습관을 가졌다는 공통점이 있을 뿐입니다. 작은 성공 습관으로 쌓은 성취감이 마음의 굵은 뿌리가 되어 준 것입니다.

마음이 단단한 아이로 키우고 싶다면, 먼저 지금 가지고 있는 좋은 습관을 언급하고, 그와 관련한 희망적인 메시지를 전하는 것이 좋습니다.

"매일 이를 닦는 습관이 이제 자리를 잡았구나. 그것만 꾸준히 해도 평생 치아 건강에 아주 중요한 일을 하는 거야."

"매일 30분씩 책을 읽고 있구나. 그것만 매일 해도 대한민국 문해력 상위 1%가 된다고 하더라."

"너는 인사를 참 잘 하는구나. 그렇게만 해도 사회성이 아주 좋아진단다."

마음이 단단한 아이라고 해서 대단한 의지력을 갖고 행동하는 것은 아닙니다. 작고 사소한 일을 해내는 좋은 습관이 의지의 불씨를 계속 지켜 주는 것이지요.

우리 아이의 좋은 습관을 자주 일깨워 주고, 좋지 않은 습관은 하나씩 좋은 습관으로 바꿔 가도록 도와주세요. 좋은 습관이 하나씩 생길 때마다 우리 아이의 마음도 함께 강해집니다.

46 행동변화 대화법

# 발달 '퇴행'을 막으려면

## 평소 이렇게 말하고 있나요?

"학교 가기 싫어? 그래, 오늘만이야. 내일은 꼭 가는 거야." (X)

"이번만 사 주는 거야. 또 운다고 다음에 사 주는 일은 없어." (X)

## 이렇게 바꿔 말해 보세요.

"가기 싫다는 이유로 학교에 안 갈 수는 없어." (O)

"울고 떼쓴다고 사 줄 수는 없어." (O)

"어리광 피워도 소용없어. 숙제는 해야 하는 거야." (O)

"매일 짧게라도 일기를 써봐. 한 일만 적지 말고, 그걸 했을 때 네 마음이 어땠는지를 꼭 적어 봐. 그러는 동안 네 마음을 알게 되거든." (O)

## 공격적이지 않되
## 단호한 표현이 단단한 성장을 돕습니다.

'퇴행'은 아이들이 흔히 사용하는 심리적 방어기제 중 하나입니다. 퇴행이란 스트레스를 받았을 때 발단 단계를 이전 단계로 되돌리는 것을 의미합니다. 미취학 아동만 퇴행을 사용한다고 아는 부모님도 있는데, 퇴행의 시기는 한정되지 않습니다. 미취학, 초등, 중등, 심지어 어른도 퇴행이라는 방어기제를 사용합니다. 더구나 퇴행으로 자신의 요구가 관철되는 경험이 누적되면 자신도 모르게 습관처럼 퇴행을 반복하기도 합니다.

5~6학년인데 갑자기 저학년 아이들처럼 짧은 단문으로 말하거나 떼를 쓰는 모습을 보일 때가 있습니다. 심한 경우 울 상황이 아닌데도 그냥 울어 버립니다. 왜 그러느냐고 물어보면 왜 울었는지 딱히 잘 설명하지 못합니다.

아이들은 보통 욕구가 채워지지 않을 때 퇴행을 선택합니다. 더 어렸을 때 그 방법이 통했던 기억이 있기 때문입니다. 초등 저학년 아이들은 학교에 가기 싫으면 어린이집이나 유치원에 가기 싫었을 때처럼 떼를 씁니다. 그 방법이 아직 유효할 거라고 생각하기 때문이지요. 응석을 부리거나 귀여운 행동을 하는 식의 퇴행도 있습니다. 때로는 갑자기 무섭다고 하면서 엄마, 아빠랑 같이 자겠다는 식의 퇴행을 보이기도 합니다.

퇴행이 의심될 때는 별일 아니라는 듯이 거리를 두고, 퇴행을 통해서는 욕구를 채울 수 없다는 것을 아이가 알 수 있도록 해주세요. 퇴행의 방식으로는 원하는 바를 이룰 수 없다는 것을 알아차리는 순간 아이는 퇴행을 포기합니다.

행여 우리 아이가 정말 너무 많이 힘들고, 이를 해결해 주지 않으면 어떤 심각한 마음속 상처가 생기거나 자존감이 하락하지 않을까 염려되어 아이가 하자는 대로 들어주는 부모가 많습니다. 이러한 과정이 반복되면 퇴행이 고착됩니다.

초등학생 자녀가 퇴행의 모습을 보일 때 사용하면 좋은 방법 중 하나가 '일기 쓰기'입니다. 퇴행을 예방하는 데도 효과적이니 그전에라도 미리 실행해 보기 바랍니다. 일기를 쓸 때는 그날 일어난 사건만을 적기보다 당시의 내 감정 등을 함께 담도록 합니다. 일종의 '감정 일기'를 쓰는 것이지요. 내면의 상태를 글로 기록해 두면 그 자체로 나의 성장 단계가 객관화됩니다. 즉 지금의 발달 상태를 글로 확정해 두는 것이지요. 이로써 일기가 이전에 어리석게 굴었던 단계로 되돌아가는 것을 막아 주는 역할을 합니다.

그리고 평소 '자기 격려'를 하는 법을 알려 주세요. 아이가 어떤 실수를 하면 부모님은 보통 이렇게 말합니다. "실수니까 괜찮아. 다음에 잘하면 돼. 앞으로는 이렇게 저렇게 해보자." 바람직한 반응입니다. 그런데 이보다 더 좋은 것은 아이 스스로 그런 표현을 하도록 하는 것입니다.

엄마: "어떤 부분을 보완하면 될 것 같아?"

아이: "내가 너무 급하게 해서 그런 것 같아."

엄마: "아, 급하게 해서 그랬구나. 그럼 다음에는 어떻게 할 거야?"

아이: "시간을 내서 미리 준비해야지. 그러면 잘할 수 있을 것 같아."

엄마: "그래, 미리 준비할 거구나. 그런 마음을 일기에 적고 읽어 봐. 그러면 더 효과를 볼 수 있어."

이렇게 자기 격려의 말을 일기에 적게 하는 것만으로도 퇴행의 과정을 막을 수 있습니다.

47 행동변화 대화법

# 평소 불안도가 높고 예민한 아이에게

## 평소 이렇게 말하고 있나요?

"6학년 올라가니까 이제 공부 열심히 해라." (X)

"내일모레면 새 학기 시작인데 맨날 잠만 자냐?" (X)

"새 학기 첫인상이 정말 중요한 거야." (X)

"뭐 그런 걸 가지고 자꾸 예민하게 굴고 그래." (X)

## 이렇게 바꿔 말해 보세요.

"봄이 왔네. 같이 산책하고 오자." (O)

"날이 참 좋네. 아빠랑 농구 한판 하자." (O)

"친구들 만나서 같이 떡볶이도 먹고 영화도 보고 오렴." (O)

## 불안과 예민함을 낮추려는 시도보다
## 그 상황을 인정해 주는 것이 먼저입니다.

불안과 예민의 대표적 증상이 가벼운 두통입니다. 어떤 아이는 배가 아프다고 하지요. 특히 본격적으로 불안이 몰려오는 새 학년 직전 1~2주를 남겨 놓고는 늦잠을 많이 자거나, 실컷 자놓고도 오후에 또 졸리다며 자는 아이도 있습니다. 학교 가기 싫다고 하거나 수업 중에 화장실이나 보건실을 자주 갑니다. 무기력한 모습을 보이거나 말을 하지 않는 증상을 보이는 아이도 있습니다.

불안 및 예민함을 완화하는 방법이 몇 가지 있습니다.

첫 번째, 너무 불안해 한다고 나무라거나 그 정도 가지고 예민하게 군다고 핀잔을 주지 않습니다. 일단 그 상태부터 읽어 줍니다. "뭔가 걱정이 있구나." "신경이 많이 쓰이나 보구나. 그래서 금방 피곤해 했구나." 이런 공감 표현과 함께 머리를 쓰다듬어 주거나 손을 천천히 꾸욱~ 잡는 스킨십을 해줍니다. 지그시 포옹을 해줘도 좋습니다. 불안도가 높은 아이는 가볍게 안아 주기보다 꾸욱 안아 줘야 안정감을 느끼는 데 도움이 됩니다. 손도 꾸욱 잡아 주고요.

두 번째, 긴장을 완화하는 말과 행동을 해줍니다. “이제 곧 봄이 오겠네.” “햇볕이 따뜻하구나.” “올가을에는 좋은 일이 생길 것 같구나.” “봄에 꽃 피고 따뜻해지면 소풍 가자.” 이런 말들입니다. 긴장을 완화하는 행동으로는 가벼운 운동이나 산책이 좋습니다. 가까운 바닷가나 호수, 시야가 트인 들판 같은 곳을 거니는 것도 좋습니다. 퇴근 후 자녀와 함께 학교 운동장에 가서 농구나 축구를 하면 정말 좋습니다. 긴장이 완화되고 두려움이 없어집니다.

세 번째, 새 학년을 시작할 즈음에는 불안도가 높은 아이에게 학습에 대한 말은 하지 않는 것이 좋습니다. 학년이 올라갈수록 ‘새학기증후군’이라고 할 만큼 긴장감이 올라갑니다. 주된 요인 중 하나가 학습 부담입니다. 특히, “이제 곧 개학인데 이렇게 공부를 안 해서 큰일 났다”라는 식의 말은 긴장감을 가중시킵니다. 방학 중 공부를 좀 게을리했어도 이제 찬찬히 꾸준히 시작하면 된다는 정도의 말이면 충분합니다.

네 번째, 기회가 된다면 친구와 만나서 수다도 떨고 놀게 하는 것이 좋습니다. 친구들과 노는 것만큼 긴장을 완화해 주는 것도 없습니다. 친구와 노는 동안 학교생활에 대한 두려움이 기대감으로 바뀝니다. 단, 친구 관계로 인해 불안도가 높은 아이에게는 적극적으로 권하지 않습니다. 아이의 의사를 묻고, 부담스러워하면 다른 과정부터 시작합니다. 반려동물 키우기, 식물 키우기 등을 하면 됩니다. 학기 중에 왕따나 학교폭력에 노출된 적이 있다면, 새 학년 올라가기 전에 학교에 분반 조치를 해달라고 요청하는 것이 좋습니다.

평소 불안도가 높고 예민한 학생은 새학기증후군이 더 심합니다. 우리 아이가 단순히 한 학년 올라가는 것이 아니라 학급이 달라진다는 것을 고려해서 최소 3월 한 달은 어디 아픈 데는 없는지, 우울해 보이지는 않는지 잘 살펴보아야 합니다. 새 학년 시작되었으니 열심히 하라고 말하기보다 어떤 경우든 너를 응원하고 지지한다는 뉘앙스로 격려해 줄 때 불안도가 낮아집니다.

48 행동변화 대화법

# 스트레스에 약한 아이에게

## 평소 이렇게 말하고 있나요?

"너만 힘든 거 아니야. 다들 힘드니까 유난 떨지 마." (X)

"큰일이네, 힘들어서 어떡하지? 오늘은 학교 가지 말고 쉬어!" (X)

"걱정하지 마! 엄마가 대신해 줄게." (X)

## 이렇게 바꿔 말해 보세요.

"웬만한 스트레스는 잠만 푹 자도 충분히 이겨 낼 수 있단다." (O)

"네가 좋아하는 그림 그리기 하면서 마음을 정리해 보렴." (O)

"엄마도 시험 때문에 엄청 스트레스 받았거든. 그때마다 잠깐씩 좋아하는 노래를 들으면서 스트레스를 견뎌 냈지." (O)

## 스트레스는 피해야 할 대상이 아니라 다스려야 할 대상입니다.

초등학생도 스트레스에서 예외는 아닙니다. 학년이 올라갈수록 학업 관련 스트레스를 많이 받습니다. 외부 압력도 더 커지지요. 사회성에 대한 스트레스도 꽤 심합니다. 특히 나만 단짝이 없다고 느끼거나 친하다고 생각했던 친구로부터 배신의 감정을 느끼면 강한 스트레스를 받습니다. 어릴 때는 몰랐던 가족 간의 갈등이나 경제적 어려움을 체감하면서도 스트레스를 받지요. 학년이 올라가고 새로운 학급에 적응해야 할 때도 마찬가지입니다. 다른 친구들에 비해 신체적 조건이나 능력이 좋지 않다고 느낄 때도 스트레스가 쌓입니다. 이렇듯 정서적 불안이나 자존감에 영향을 주는 사안을 마주할 때마다 스트레스를 받습니다.

초등 자녀가 스트레스를 받을 때마다 안절부절못하는 학부모님을 종종 봅니다. 아이가 아프거나 힘들어 하면 대신이라도 겪어주고 싶은 게 부모 마음이겠지만 그래서는 아이가 성장할 수가 없습니다. 이 패턴이 굳어지면 부모는 매사 아이 일에 개입하게 되고, 아이는 자신에게 다가오는 스트레스를 마주하는 능력을 잃어버리고 말지요.

스트레스를 막아 주려고 애쓰기보다 우리 아이가 스트레스 상황에서 어떻게 자신을 조절해 나갈 수 있을지에 중점을 두는 것이 현명합니다. 이처럼 스트레스 상황에서 쉽게 무너지지 않고 스스로 문제를 해결하면서 회복해 나가는 능력을 '스트레스 저항력'이라고 합니다. 초등 시기에 스트레스 저항력을 잘 갖춘 아이는 성장하면서 맞이할 수밖에 없는 다양한 형태의 스트레스를 잘 이겨 내면서 그 과정에서 성취감을 얻습니다.

스트레스 저항력을 키우는 데는 평소의 기초체력이 중요합니다. 규칙적인 운동과 적절한 휴식을 통해 건강을 안정적으로 유지하는 것만으로도 스트레스 저항력을 기를 수 있습니다. 평소에 수면 부족이나 불규칙한 생활 때문에 피곤이 누적되면 작은 스트레스에도 짜증을 내고 잘 견디지 못하는 모습을 보이기 마련입니다. 아이와 함께 운동을 하거나 규칙적으로 생활할 수 있도록 관리해 주면 좋습니다.

또한 안정적인 연대나 유대도 중요합니다. 쉽게 말해 '나는 혼자가 아니야'라는 느낌이 중요하다는 것이지요. 고민이나 어려움이 있을 때 물어보거나 도움을 청할 수 있는 사람이 한 명만 있어도 스트레스 저항력이 커집니다. 평소 아이가 '나는 혼자가 아니야, 언제든 기댈 곳이 있어'라고 생각할 수 있도록 든든한 울타리가 되어 주세요.

놀 시간을 적절히 마련하는 것도 스트레스 저항력을 높여 줍니다. 노는 동안 재충전이 되어 기운이 생기는 것이지요. 노는 것도 좋고, 창의적인 활동도 좋습니다. 그림 그리기, 연주, 만들기 등의 심미적이고 창의적인 활동은 스트레스에 유연하게 대처하도록 도와줍니다.

엄마, 아빠의 어린 시절 이야기를 들려 주며 스트레스는 누구에게나 찾아오고 그만큼 자연스러운 현상임을 알려 주는 것도 매우 좋습니다. 또 어떤 과정을 통해 그 시기를 잘 견뎌 냈는지 이야기해 주는 것도 도움이 됩니다. 누군가 나와 비슷한 스트레스를 겪었고, 그것을 나름대로 잘 견뎌 냈다는 사실만 알아도 스트레스에 대한 부담이 상당히 줄어듭니다.

49 행동변화 대화법

# 음식에 집착하는 모습을 보인다면

## 평소 이렇게 말하고 있나요?

"식탁에 간식 있으니까 배고프면 언제든 먹으렴." (X)

"한창 클 나이니까, 먹고 싶으면 언제든 맘껏 먹어야지." (X)

"학교 갈 때 편의점에서 먹을 것 좀 사 가. 출출하면 먹게." (X)

## 이렇게 바꿔 말해 보세요.

"밥 먹을 시간이야. 밥 먹자." (O)

"평소 물을 자주 마시도록 해. 단 음료수 사 마시지 말고." (O)

"아이스크림 먹으면서 유튜브 보는 건 안 돼. 너도 모르는 사이에 한 통을 다 먹게 되거든." (O)

## 식욕이 조절되지 않으면,
## 일상이 흔들립니다.

초등 시기는 다양한 욕구에 대한 조절 능력을 익히는 거의 마지막 시기라고 할 수 있습니다. 유달리 특정 욕구 상황에서 자기조절력을 잃어버리는 아이들이 있습니다. 특히 먹을 것에 집착하는 아이도 있지요. 많이 먹으려고 하고, 늘 무엇인가를 먹으려 합니다.

먹을 것에 집착하는 아이는 배가 부를 만큼 충분히 먹었는데도 계속 배식을 더 받습니다. 물론 한창 먹을 나이이고 먹성이 좋은 아이도 있습니다. 두 번 세 번 식판 가득 음식을 담아 가지요. 하지만 한창 성장기라서 그러는 것인지, 아니면 강한 욕구와 집착 때문인지는 보면 구분이 됩니다. 성장기라서 많이 먹는 아이들도 점심시간에 노는 것은 결코 포기하지 않습니다. 충분히 먹은 뒤에는 남은 시간 동안 신나게 놉니다. 그런데 먹을 것에 집착해서 식탐을 부리는 아이는 점심시간에 노는 걸 포기할 만큼 계속 급식을 더 받아서 먹습니다. 배식이 끝났는데도 더 먹을 게 없는지 급식대를 서성입니다.

과자나 음료 등 단 음식에 집착하는 아이들은 문제가 더 심각합니다. 이 아이들은 과식을 넘어 편중된 식습관 때문에 장기적으로 더 안 좋은 영향을 받습니다. 단 음식을 입에 달고 지내는 데다 그러지 못하면 과민해지거나 짜증을 내는 모습을 보입니다. 뭔가 번거로운 일을 해야 할 때는 귀찮아하고 무기력한 모습을 보이기도 합니다.

심각하다 싶을 정도로 단 음식에 집착하는 아이가 있었습니다. 간식으로 늘 초콜릿이나 젤리, 단 음료를 가지고 왔습니다. 학교에 외부 음식을 가지고 오면 안 된다고 몇 번이나 주의를 줬지만 엄마가 간식으로 먹으라고 싸 주셨다고 하더군요. 나중에 알아보니 등교하면서 거의 매일 편의점에 들러 사 오는 것이었습니다. 어머님이 안 되겠다 싶어서 용돈을 주지 않자, 더 이상 초콜릿 같은 단 음식을 살 수 없게 된 아이는 체육 시간에 배가 아프다면서 자꾸만 보건실에 간다고 말했습니다. 사실 아이는 보건실이 아니라 다른 친구들 가방을 몰래 뒤져서 과자 같은 게 없는지 찾으러 교실에 가는 것이었습니다. 단순한 집착을 넘어 단 음식 중독 수준이라고 할 만했지요.

초등 시기에 음식에 집착하는 모습을 보인다면, 그건 심리적인 스트레스 요인 때문이라기보다 미취학 시기에 식습관을 잘못 들였기 때문일 가능성이 더 큽니다. 심리적 스트레스는 단것을 떠올리게 하는 촉매제 정도의 역할이라고 볼 수 있습니다.

유년기에 아이가 배고픈 상황을 조금도 용인하지 않는 엄마들이 있습니다. 늘 먹을 것을 준비해 놓고 언제든 가져다 먹을 수 있게 합니다. 예를 들면 식탁에 늘 과자가 준비되어 있고, 냉장고를 열면 단 주스나 탄산음료가 있습니다. 결코 바람직하지 않은 환경입니다. 특히 어린 시절 애니메이션 등을 보면서 아이스크림 같은 단 음식을 먹지 않도록 해야 합니다. 식욕 조절의 기본은 먹는 시간과 장소를 구분하는 것입니다.

단 음식은 그 자체로 뇌에 일종의 쾌락을 선사합니다. 단 음식을 수시로 먹는 환경에 계속해서 노출되면 어린아이라도 당에 중독됩니다. 일정한 시간에 식사하고 간식은 적당량을 먹으면 바로 치워 주세요. 그래야 아이가 식욕을 조절할 수 있습니다.

50 행동변화 대화법

# 학교 공개수업에 참석할 수 없을 때

## 평소 이렇게 말하고 있나요?

"이 정도 설명했으면 너도 알아듣고 마음을 풀어ㅁ야지." (X)

"바쁘면 못 갈 수도 있지. 언제까지 떼쓰고 있을래!" (X)

"6학년인데 엄마가 가야 하니? 딴 애들은 오지 말라고 한다는데." (X)

## 이렇게 바꿔 말해 보세요.

"너무 보고 싶은데 엄마, 아빠가 직장 때문에 갈 수가 없어. 미안해. 다음 학기에는 갈 수 있을 거야." (O)

"속상한 마음이 드는 게 당연하지. 미안해." (O)

"엄마도 수업받는 네 모습을 보고 싶은데 속상하다. 그리고 미안해." (O)

## 서운함도
## 감정의 소중한 한 부분입니다.

학교마다 다르지만 보통 한 학기에 한 번 정도 학부모 공개수업이 있습니다. 공식적으로 우리 아이가 수업에 임하는 모습을 볼 수 있는 시간이지요. 아이가 학교에서 어떻게 수업을 듣고 친구들과 어떻게 지내는지를 가까이서 살펴보는 일은 초등 시기에 누릴 수 있는 작지만 큰 행복입니다.

특히 아이가 1~2학년이라면 엄마나 아빠가 공개수업 시간에 교실 뒤에서 내 모습을 지켜봐 주기를 바랍니다. 다른 친구들은 누군가 보호자가 와 있는데, 나만 아무도 안 왔다고 생각하면 그것만으로도 위축되고 왠지 외롭다는 느낌을 감추기 어렵습니다.

3학년 정도 되면 아이들에 따라 반응이 달라집니다. 와도 그만 안 와도 그만인 아이도 있고, 오히려 절대 오지 말라고 하는 아이도 있지요. 아이가 오지 말라고 한다면 그 의견에 따라 참석하지 않아도 크게 무리가 없습니다. 아이가 오지 말라고 했지만 시간적으로 여유가 있고 우리 아이의 모습이 궁금하다면 조용히 참석해서 먼발치에서 보고 가는 것도 좋습니다.

문제는 아이는 엄마나 아빠가 꼭 오기를 바라는데, 참석할 수가 없을 때입니다. 이유를 말해 줘도 떼를 쓰거나 엄마, 아빠가 나쁘다는 식의 표현을 하면 무척 속상하지요. 결국에는 부모가 힘든 점은 생각도 하지 않느냐고, 그 정도는 너도 알아들을 때가 되지 않았느냐고 화를 내게 됩니다.

대부분의 부모가 가고 싶은 마음은 굴뚝같지만 갈 수 없는 상황에 대해서는 나름대로 잘 설명을 합니다. 문제는 그렇게 말했는데도 아이가 서운함을 표시하고 불만 섞인 대답을 할 때입니다. 일단 알아 둬야 할 것이 있습니다. 아이의 감정은 아이의 몫이고 아이의 선택임을 인정해야 합니다. 머리로는 이해가 된다고 해도 아이는 아직 감정조절이 어렵습니다. 서운한 감정이 표정에 그대로 드러나지요. 그 감정 표현마저 바꾸려 하는 것은 좋지 않습니다.

엄마나 아빠도 너무 가고 싶다고 표현하고, 그렇지만 이런저런 이유가 있다고 설명합니다. 그러고 나서 아이가 느끼는 서운한 감정은 있는 그대로 받아들입니다. 서운해 하는 아이를 다른 방식으로 달래거나 바꾸려 하지 마세요. 결국에는 지쳐서 화를 내기 쉽습니다. 서운해 하는 아이에게 미안하다고 간단히 표현하고 잠시 거리를 두세요. 다음 학기 공개수업에 갈 수 있는 여건이 된다면, 그때는 참석할 수 있을 거라는 약속을 합니다. 확실하지 않을 때는 미안하다는 표현만 하고 거리를 두면 됩니다. 아이의 서운한 감정을 그 즉시 다른 것으로 상쇄하려는 시도는 하지 않는 것이 좋습니다. 이는 공개수업 때만이 아니라 친구 관계에서 실망했을 때, 기대에 못 미치는 결과를 얻어 실망했을 때 등 다른 사안으로 아이가 실망하고 서운함을 느꼈을 때도 마찬가지입니다. 즉각적인 대체재를 찾아 주려 하기보다 약간 공감을 해주고, 스스로 그 감정을 직면하도록 적당한 거리감을 두는 것이 좋습니다. 며칠 지나면 아이의 감정이 정리됩니다. 아이에게도 서운해 할 권리가 있습니다.

51 행동변화 대화법

# 학부모 상담 전에 아이에게 확인할 것들

## 평소 이렇게 말하고 있나요?

"이번 학부모 상담에 엄마가 갈까 말까?" (X)

"엄마가 학부모 상담에 갈 건데, 너 선생님 말씀 안 듣거나 그런 거 없지?" (X)

"왜 학부모 상담주간 같은 걸 만들어서 이렇게 부담스럽게 하는지 모르겠다." (X)

## 이렇게 바꿔 말해 보세요.

"학교에서 너한테 욕을 하거나 심하게 장난치는 친구는 없니?" (O)

"혹시 학교나 교실에 아이들에게 위험한 시설 같은 건 없니? 예를 들

면 화장실 바닥이 너무 미끄럽다거나 하는 거. 면담 때 말씀드리면 빨리 개선할 수 있거든." (O)

"평소 너랑 친하게 지내는 친구는 누구야? 주로 뭘 하고 놀아?" (O)

## 알수록 좋은 질문이 나오고,
## 좋은 질문이 이해의 폭을 넓힙니다.

보통 새 학년이 시작되면 한두 달 후에 학부모 상담주간이 시작됩니다. 담임 선생님과 상담하기가 부담스러워서 신청하지 않는 학부모도 있고, 매번 상담 신청을 하는 분도 있지요. 저학년은 신청 비율이 매우 높은 편입니다. 반대로 고학년은 상담 신청 비율이 낮아요.

1학년이든 6학년이든 학부모 상담 기회가 있으면, 되도록 참여하는 것이 좋습니다. 오히려 고학년일수록 적극적으로 참여하기를 권합니다. 1~2학년 때는 엄마가 학교생활에 대해 물어보면 아이가 그래도 신이 나서 이것저것 대답하지요. 하지만 학년이 올라갈수록 아이에게 학교생활에 대해 물어보기가 어려워집니다. 아이의 대답도 짧아지지요.

"괜찮아."

"괜찮다니까."

"몰라."

학년이 올라갈수록 아이의 학교생활에 대해 알기가 어렵고, 또 집에서와 학교에서의 생활은 많이 다를 수 있기 때문에 학부모 상담을 통해 아이에 대한 정보를 얻고 의논하는 과정이 필요합니다.

상담 전에 자녀에게 미리 확인하면 좋은 것들이 있습니다. 우선 엄마가 학부모 상담을 하는 것이 좋은지 안 좋은지는 묻지 마세요. 당연히 상담을 하러 간다는 전제하에서 몇 가지 물어봅니다.

우선 친구 관계에서 어려움을 겪거나 부당한 일을 당한 적은 없었는지 물어보세요. 혹시나 학교폭력, 욕설, 놀림, 심한 장난 등이 지속된 상황이 있는지 확인하는 것입니다. 평소 미묘하고 애매하게 힘들게 하는 친구들이 있을 수 있습니다. 폭력을 쓰는 건 아니지만, 뭔가 신경 쓰이게 하거나 불편하게 하는 관계가 있는지 아이에게 물어봅니다. 그리고 그런 사안에 대한 정보를 담임 선생님에게 제공합니다.

두 번째, 학교나 교실에 환경적으로 위험 요소는 없는지 물어봅니다. 어른의 눈에는 잘 보이지 않지만, 아이의 시선에서 보면 위험한 요소가 있을 수 있습니다. 예를 들어, 3층 화장실 바닥이 늘 미끄럽다든지, 운동장에 있는 미끄럼틀 손잡이에 녹이 슬어서 날

카로운 부분이 있다든지, 운동장 나무 밑에 벌집이 있다든지 하는 것들입니다. 이러한 부분에 대해 들었다면 상담 시간에 담임 교사에게 알려 주세요. 공식적인 학부모 상담 중에 학교 안전에 대한 요청이 들어오면 사안이 빠르게 개선될 수 있습니다.

마지막으로, 학교에서 주로 누구와 친하게 지내는지 물어봅니다. 그러면 몇 명의 이름을 이야기하겠지요. 상담을 하면서 담임 선생님에게 그 아이들과 놀면서 어떤 문제는 없었는지, 그 외 다른 친구들과의 관계는 괜찮은지를 확인할 수 있습니다. 엄마의 질문이 구체적일수록 확실하고 구체적인 답변을 얻을 수 있습니다. 두루뭉술한 질문에는 두루뭉술한 답변이 돌아오지요.

# 욕구를 조절하기 어려워하는 아이에게

## 평소 이렇게 말하고 있나요?

(레고 조립에 몰입하고 있는 아이에게) "레고 조립하고 있네. 그럼 밥은 나중에 먹자." (X)

(찬장에 라면이 가득한 상태에서) "밤에 라면 끓여 먹지 말랬지!" (X)

(식탁에 과자가 놓인 상태에서) "단것 많이 먹으면 안 좋다니까!" (X)

## 이렇게 바꿔 말해 보세요.

(레고 조립에 몰입하고 있는 아이와 시선을 맞추며) "철수야, 밥 먹을 시간이야. 레고는 밥 먹고 나서 더 하렴." (O)

(라면, 간식거리를 부엌에서 치우고 냉장고에 생수를 채워 놓고) "저녁 8시

이후에는 라면이나 간식은 안 먹는 거야. 필요하면 물을 마시렴." (O)

(즐겁게 놀고 있는 아이에게) "간식 먹고 잠시 쉬었다가 하렴." (O)

※ 어떤 일에 집중하고 있을 때도 적당한 간격으로 쉬어 가며 흐름을 조절하는 것이 좋습니다. "잠시 간식 먹고 하자", "잠시 쉬었다가 다시 하자"라고 말해 주세요. 계속하고 싶은 욕구를 잠시 멈추고 쉬었다가 다시 하는 사이 '자기조절력'이 좋아집니다.

## 나의 욕구를 조절할 수 있다는 스스로의 믿음이 중요합니다.

문밖에 택배가 도착했습니다. 설레는 마음으로 상자를 열었는데 물건을 보고 나니 후회가 몰려옵니다.

"아, 좀 참을걸……."

고생한 나를 위한다는 명목으로 신나게 주문했는데, 만족감은 어느새 사라지고 없습니다. 에이브러햄 매슬로우Abraham Maslow는 인간의 욕구를 생리적 욕구, 안전 욕구, 사랑과 소속의 욕구, 존중 욕구, 자아실현 욕구, 이렇게 다섯 단계로 나누었습니다. 그는 1단계인 생리적 욕구가 실현되어야 그다음 단계로 넘어가 자아실현 욕구까지 올라간다고 보았습니다.

그런데 5단계까지 올라섰다고 해서 1단계의 욕구가 사라지는 것은 아닙니다. 생리적 욕구는 인간이 살아가는 데 있어 가장 기본적인 욕구이니 말이지요. 그렇기에 수많은 욕구가 동시다발적으로 솟구치는 상황을 자주 만납니다. 어른인 엄마나 아이인 우리 자너나 패턴은 비슷합니다.

과거 교육학자나 심리학자는 욕구 조절을 하는 데 있어 '의지'를 강조했습니다. 의지를 키워서 욕구를 제어해야 한다고 했지요. "의지력만 있으면 뭐든 할 수 있다", "의지가 부족하니 할 일이 태산인데도 잠이 오지", "모든 건 마음먹기에 달렸어" 하는 식으로 말했습니다. 하지만 최근에는 이와 같은 접근이 잘못된 것이고, 그다지 효용이 없음이 밝혀지고 있습니다. 의지는 타고난 유전자의 영향을 받고, 계속해서 사용하면 고갈되어 탈진이 오기 때문에 유의해야 합니다.

욕구 조절을 위해 인지심리학자들은 '환경과 습관'을 강조합니다. 마냥 의지력을 발휘하라고 몰아붙이기보다 의지력을 최소한으로 사용해도 되는 '환경과 습관'을 만들어 두는 게 중요하다는 것이지요. 그럴 때 자기조절이 훨씬 더 쉬워집니다. 특히 어린아이일수록 큰 영향을 미칩니다.

"사이다 말고 물 마셔야지."

이런 말은 아무런 효과를 발휘하지 못합니다. 그저 의지에만 호소하는 말이니까요. 그 대신 냉장고에서 사이다를 치우고 생수를 가득 채워 두세요. 환경을 바꾸는 것입니다. 아침에 일어나면 생수 한 잔을 식탁에 올려놓습니다. 목마른 아이는 시원한 생수를 마시고 하루를 상쾌하게 시작합니다. 이런 날이 반복되면 어느새 습관이 됩니다.

"스마트폰 보지 말고 책 좀 읽으라니까."

매일 이렇게 실랑이를 벌일 필요가 없습니다. 스마트 기기를 치우거나 인터넷 연결을 끊고, 거실과 식탁 곳곳에 즐겁게 읽을 만한 책을 놓아둡니다. 저녁을 먹고 나서 엄마도 설거지는 잠시 미루고 식탁에 있는 책을 집어 읽습니다. 이때 한마디만 하면 됩니다.

"엄마 고등학생 때 읽은 소설인데, 지금 봐도 재밌네."

손만 뻗으면 닿는 위치에 책이 있고 그 책을 읽는 행동을 매일 반복하는 사이, 부정적인 욕구는 사그라들고 자기조절력이 자라납니다.

53 행동변화 대화법

# 아이에게 평소 들려 주면 좋은 말

### 평소 이렇게 말하고 있나요?

(1~2학년 자녀에게) "엄마 바쁘니까 아이패드로 만화 보고 있어." (X)

(3~6학년 자녀에게) "공부 열심히 해. 이제 뒤처지면 따라잡기 힘들어져." (X)

(3~6학년 자녀에게) "이런 연예인 사진 같은 걸 뭘 돈 주고 사냐?" (X)

### 이렇게 바꿔 말해 보세요.

(1~2학년 자녀에게) "같이 쿠키 만들어 보는 거 어때?" (O)

(3~6학년 자녀에게) 등교하는 자녀의 머리를 기특하다는 듯 쓰다듬어 주세요. (O)

(3~6학년 자녀에게) "와~ 이게 뭐야? 아이돌 카드네. 아빠는 어릴 때 야구선수 카드를 모았는데, 요즘에는 아이돌 카드가 나오는구나." **(O)**

## 엄마 말은 자녀에게
## 지구의 중력처럼 작용합니다.

엄마의 말과 행동은 생각보다 자녀에게 무겁게 작용합니다. 아이들과 상담을 하다 보면 이런 말을 종종 듣습니다.

"엄마가 뭐랬어요. 엄마가 이렇게 하랬어요."

엄마 말을 잘 안 듣는 것 같아도, 아이는 삶의 기준을 엄마 말에서 찾고 자신에게로 옮겨 놓습니다. 심지어 엄마는 의식도 못 한 채 내뱉은 말이 자녀에게는 평생 삶의 기준이 되기도 합니다. 절대적 기준이 될 수는 없겠지만, 적어도 아이를 위험하게 만들지는 않는, 더 나아가 행복하게 해주는 몇 가지 표현을 소개합니다.

1~2학년 아이들에게 참 좋은 말이 있습니다.

"엄마랑 놀자. 뭐 하고 놀까?"

"아빠랑 놀자. 뭐 하고 놀까?"

아이마다 무엇을 하고 놀고 싶은지는 다릅니다. 하지만 하고자 하는 것은 분명히 있습니다. '축구 하고 싶다, 장난감 놀이를 하고 싶다, 쿠키를 만들고 싶다' 등등 실체가 있습니다. 무엇을 하든 부모가 함께 놀아 주는 시기는 생각보다 길지 않습니다. 초등 1~2학년이면 끝이 납니다. 그 이후에는 시간이 갈수록 뭔가를 함께해도 거리감이 느껴질 것입니다. 미취학 시절에 일상이 바빠 자녀와 함께한 시간이 적었다면 초등 1~2학년 시기를 놓치지 말고 함께 놀자고 말해 주세요. 그 이후에는 그 말을 해도 가성비가 한참 떨어집니다. 고학년이 되면 아이들은 오히려 반대로 생각합니다. '아빠가 저렇게 원하는데 내가 한번 놀아 줘야겠다'라고요.

3~4학년이 되면 공부하라는 말을 많이 하게 됩니다. 공부는 했는지, 숙제는 했는지 자꾸 물어보고 싶어지지요. 아이가 숙제하고 있거나 책을 읽고 있다면 그때를 놓치지 말고 머리를 쓰다듬어 주세요. 말하지 않아도 '너 참 잘하고 있구나' 하는 마음이 신체 접촉을 통해 전달됩니다. 정서적으로 성장에 따른 외로움을 인지하는 시기이기 때문에 말보다는 사소한 스킨십이 더 직접적으로 긍정적인 역할을 합니다. 3~4학년 아이들에게는 말이 아닌 접촉 표현(몸 대화)을 더 자주 해주기 바랍니다.

5~6학년 자녀의 부모가 하면 좋은 말은 꽤 짧습니다. 그런데 대충하면 오히려 역효과가 나니 진심을 담아 하는 것이 중요합니다.

"정말?"

"진짜?"

"와~ 신기하다."

"오~!!!"

즉 공감의 감탄사를 활용하면 좋습니다. 이 시기 아이들은 열쇠고리, 샤프, 볼펜, 필통 등 자신의 용돈 범위 안에서 뭔가를 구매하기 시작합니다. 자기가 살 수 있는 한도를 감안해 '이거다' 싶은 것을 사지요. 자기 딴에는 가장 좋은 것을 선택한 것입니다. 엄마, 아빠가 보기에는 별로 대단한 물건도 아니라서, 그냥 요즘 애들은 이런 걸 좋아하나 보다 하고 지나치기 쉽습니다. 하지만 그 기회를 놓치지 말고 감탄사로 표현을 해주기 바랍니다.

"와~ 요즘에도 이런 게 나오네." "오!! 이건 모양이 참 센스 있네." "오, 대박! 신기해." "이런 거 아빠도 가방에 달고 다니면 괜찮을까?"

작고 사소하더라도 직접 고르고 선택한 물건에 대한 감탄은 아이에게 있어 자신에 대한 인정과 마찬가지입니다.

# 5장

# 행동이 바른 아이로 성장하기

- 엄마에게 무례하게 굴 때
- 몇 번을 말해도 소용이 없을 때
- 도덕적인 선택을 하도록 도우려면
- 생활 규칙을 잘 지키게 하려면
- 아이가 돈을 함부로 대할 때
- 비싼 물건을 사 달라고 떼쓸 때
- 정리 정돈을 안 하는 아이에게
- 계획성이 없는 아이에게
- 스마트폰을 사 달라고 조르는 아이에게
- 스마트폰 사용에 관리가 필요할 때
- 폭력을 자주 사용하는 아이에게
- 욕을 습관처럼 입에 달고 사는 아이에게
- 성적 수치심을 주는 장난을 하는 아이에게
- 아이가 왕따를 당한다고 말할 때
- 학교폭력을 예방하는 말

54 행동변화 대화법

# 엄마에게 무례하게 굴 때

## 평소 이렇게 말하고 있나요?

(물건을 던지는 모습을 보고) "화가 많이 났구나." (X)

(잘못된 행동을 했을 때 부탁하는 어조로) "다음부터는 그렇게 하지 말아 줄래?" (X)

(사이가 나빠지면 안 된다는 생각으로) "이번만 하게 해줄게." (X)

## 이렇게 바꿔 말해 보세요.

"그런 무례한 행동은 폭력이야. 그만해." (O)

"엄마 앞에서 물건 발로 차는 거 안 돼." (O)

"엄마한테 그런 말 쓰는 거 용납 안 돼." (O)

# 때로는 단호함이 가장 따뜻한 사랑의 언어입니다.

작은 폭군이 늘어나고 있습니다. '모든 결정권을 자기가 쥐고 있는 아이'를 가리키는 말입니다. 매사 모든 결정을 본인이 하지 않으면 견디지 못하고 화를 냅니다. 작은 폭군은 어른에게 함부로 말하거나 자신의 감정을 정제되지 않은 무례한 행동으로 표현합니다. 발로 물건을 찬다거나, 들고 있던 물건을 보란 듯이 쾅 하고 내려놓습니다. 내가 지금 화났다는 걸 무례하게 표현하지요.

우선 그런 아이에게 쓰지 말아야 할 말투가 있습니다. 바로 부탁하는 말투입니다. "뛰지 말아 줄래?" "조용히 해줄래?" '제발'이라는 표현은 더욱 좋지 않습니다. "제발 뛰지 말아 줄래?" "제발 좀 조용히 해줄래?" 이 정도면 부탁이 아니라 애원하는 수준이지요. 작은 폭군은 그런 부탁을 들어주지 않습니다. 왜냐하면 결정권이 자기에게 있고 부모가 저러는 걸 보니 더욱더 무례하게 굴어도 괜찮을 것 같거든요. 학부모 상담 중에 이런 질문을 받았습니다.

"화난 목소리로 무섭게 말하면 애가 좀 조심해서 행동하긴 하는데, 언성 높이지 않고 예뻐하면서도 훈육할 수 있는 방법은 없을까요?"

그런 방법은 없습니다. 작은 폭군에게는 '안 되는 건 안 된다는 사실'을 분명하게 알려 줄 필요가 있습니다. 권위 있는 모습과 단호한 어조로 잘못을 지적하고 개선을 요구해야 합니다. "지금은 식사 시간이야. 같이 밥 먹는데 스마트폰을 보면 안 돼"라고 말이지요.

훈육할 때 엄마가 자녀와 친하게 지내는 친구의 위치에 가면 절대 효과를 볼 수 없습니다. 훈육할 때마저 친구 같은 부모가 되고 싶다는 마음은 부모 역할을 좀 편하게 하고 싶다는 무의식적인 방어기제이기도 합니다. 부모에게는 친구 같은 부모보다 권위 있는 부모가 우선입니다. 부모의 권위는 일관성과 공정함을 유지하려는 노력에서 시작됩니다. 아이와 친하게 지내고 싶다는 생각에 어느 때는 봐주다가 어느 때는 강제하려 한다면 원칙과 기준이 사라지고 맙니다. 아이의 감정에 호소하거나 감정적으로 반응하는 순간 권위가 실종됩니다.

무례한 행동은 작은 데서 시작됩니다. 엄마 눈에는 초등학생이면 아직 어리게만 보이고 어느 정도 떼도 쓸 수 있다고 생각합니다. 그런 모습도 예쁘게 받아 줄 수 있다고 생각하지요. 하지만 초등학생 정도가 되었다면 떼를 쓰고 무례하게 굴지 않을 만큼의 조절력은 배우고 익혀야 합니다.

아이가 무례한 말과 행동을 해도 좋은 게 좋은 거라고 눈을 감고 회피하는 것은 좋지 않습니다. 이는 부모로서 무책임한 행동일뿐더러 부모의 내면에도 무엇인가 심리적인 문제가 있다는 뜻이기도 합니다.

영국 셰필드대학교 정신과 심리치료연구센터에서 박사학위를 받은 김서영 교수는 본인의 저서 『프로이트의 환자들』에서 이렇게 말합니다.

"세상과의 싸움이 가능해진 상태, 정신분석은 그것을 치유라고 부릅니다."

아이의 무례함 역시 부모가 싸워야 할 세상입니다. 싸워야 할 때 싸우지 않으면 잘못된 말과 행동이 누적되고 고착되어 결국 아이가 폭군이 되고 맙니다.

55 행동변화 대화법

# 몇 번을 말해도 소용이 없을 때

## 평소 이렇게 말하고 있나요?

"혼자 있을 때는 벨이 울려도 문 열어 주지 마." (X)

"지금 공부를 열심히 해야, 나중에 좋은 대학 가는 거야." (X)

"몇 번을 말했는데 어떻게 맨날 까먹니?" (X)

## 이렇게 바꿔 말해 보세요.

"자, 연습해 보자. 엄마가 밖에서 벨을 누를 거야. 아무리 눌러도 열어 주지 마." (O)

"지금 수학 문제집 세 쪽만 풀어. 다 풀고 바로 떡볶이 먹자." (O)

(처음 말하는 듯이) "그건 매일 해야 하는 일이야. 지금 어서 해." (O)

# 원래 아이들은 말을 잘 안 들어야 정상입니다.

일단 이렇게 말하고 시작하겠습니다. 말을 잘 들으면 애들이 아니지요. 말을 잘 안 들으니 아직 아이인 것입니다. 학급에서도 두세 번밖에 말을 안 했는데 아이들이 잘 따라 준다면 그건 뭔가 이상한 일입니다.

아이에게 말할 때는 지금 아이가 마주한 상황을 늘 염두에 둬야 합니다. 그 상황과 상관없는 이야기는 아이들 귀에 들리지 않습니다. 체험학습을 예로 들어 보지요. 버스에서 내리기 전에 주차장에서 뛰면 위험하다고 몇 번이고 강조해서 이야기합니다. 그런데 버스가 휴게소에 도착하면 내리자마자 냅다 뛰어갑니다. 내리기 전부터 이미 아이들 머릿속은 매점에서 무엇을 사 먹을지에 대한 생각으로 가득하기 때문입니다. 그럴 때는 주차장 얘기를 꺼낼 게 아니라 매점 얘기로 시작합니다.

"휴게소 매점을 이용할 학생은 내릴 거야." 매점이라는 말에 아이들이 집중합니다. 그때 한마디를 더합니다. "단, 매점 갈 때 뛰어가는 학생은 선생님이 이름을 부를 거야. 그 친구는 위험한 행동을 했기 때문에 매점을 이용할 수 없어." 이렇듯 중요한 내용을 전달할 때는 아이들의 현재 관심사와 연관 지어서 말하면 그나마 조금은 듣습니다.

안전에 관한 사항은 몇 번을 얘기해도 소용이 없습니다. 예를 들어 엄마, 아빠 없이 집에 혼자 있을 때 벨이 울리면 문을 열어 주지 말고 아무도 없는 것처럼 그냥 있으라고 신신당부를 해도, 벨이 울리면 쪼르르 달려가서 문을 열어 줍니다. 그냥 반사적입니다. 그래서 이런 종류의 교육은 말이 아니라 실제 상황극을 통해 몸으로 익혀야 합니다. 학교에서는 화재 또는 지진 대피 훈련을 학기별로 최소 한 번은 합니다. 말로 아무리 설명을 해봐야 막상 실제 상황이 닥치면 전혀 다른 반응을 보이기 때문이지요.

아이들은 대개 설명을 들은 대로 행동하지 않고 반사적으로 움직입니다. 벨 소리가 나니 문을 열어 주는 것처럼 말입니다. 안전과 관련된 사항은 말로 알려 주는 데 그치지 말고 상황극을 반복하면서 교육해 주세요. 그래야 몸이 제대로 반응할 수 있습니다. 아이들은 생각하기 전에 몸이 먼저 움직입니다.

먼 미래가 아니라 현재 시점에서 말하는 것도 중요합니다. "중

학교에 올라가면 필요한 거야. 미리 해놓으면 고등학교 가서도 좋지." 이런 얘기는 백날 해봐야 소용이 없습니다. 초등학교 고학년이라도 1년 후를 아주 먼 미래로 생각합니다. 20~30년 후에나 다가올 일로 느끼지요. 그때를 대비해서 지금 당장 무엇을 해야 한다니, 도무지 의욕이 생기지 않는 것도 당연합니다. 아이들 귀에는 "30년 뒤에 소풍 갈 거니까 오늘 저녁에 김밥 재료를 준비해 놓자"라고 말하는 것처럼 들립니다.

아이들이 작은 일에도 행복해 하는 이유는 미래라는 시간 개념이 없고, 지금 당장만 있기 때문입니다. 그래서 별일 아닌 것처럼 보이는 것에도 웃고 떠들 수 있습니다. 아이들이 뭔가를 하기를 바란다면, 다음과 같이 지금이나 오늘 또는 내일 정도의 시간을 기준으로 말하는 게 좋습니다. 그보다 더 먼 시점은 아이들에게 실감이 나지 않는 먼 미래이기 때문입니다.

"지금 숙제해. 그래야 저녁에 마음 편하게 만화 볼 수 있어."

"30분 내로 방 청소 끝내. 짜장면 먹으러 갈 거니까."

그런데 대부분이 이렇게 말합니다.

"그렇게 물건 정리도 안 하고 살면 나중에 커서 혼자 어떻게 하려고 그래!"

아이들에게 그렇게 먼 나중은 없습니다. 오늘 아니면 내일만 있지요. 아이들이 행동하기를 바란다면 그 범위 안에서 말해 주세요.

56 행동변화 대화법

# 도덕적인 선택을 하도록 도우려면

## 평소 이렇게 말하고 있나요?

"그래, 나중에 먹고 싶을 때 얘기해. 다시 차려 줄게." (X)

"그럼, 한 게임만 더 하고 밥 먹는 거다." (X)

"그래, 네가 하고 싶을 때까지 해." (X)

## 이렇게 바꿔 말해 보세요.

"밥 먹고 하렴." (O)

"일단 지금 멈추고, 쉬는 시간 가진 다음에 하렴." (O)

"하고 싶은 만큼 하는 게 중요한 게 아니란다. 멈춰야 할 때 멈출 줄 아는 게 중요한 거야." (O)

## 도덕적인 선택은
## '포기'할 줄 아는 용기에서 시작됩니다.

만 2세만 되어도 당황스러움, 부끄러움, 자부심, 죄책감 등의 좀 더 높은 수준의 정서를 느끼고 서서히 구분할 수 있게 됩니다. 감정을 구분하고 이해하는 능력은 다양한 상황에서 도덕적으로 판단하고 행동하는 기초가 됩니다. 더 나아가 초등학교에 입학할 무렵에 만족을 지연시킬 수 있는 능력, 하지 말아야 할 것을 참는 자제력을 갖추면 도덕적 선택을 행동으로 옮길 확률이 높아집니다.

1학년 아이입니다. 쉬는 시간에 친구들과 교실에서 놀고 있습니다. 한창 재미있는데 종이 칩니다. 자리로 돌아와 다음 수업 교과서를 꺼내야 하지요. 이때 종소리를 듣고 하던 놀이를 바로 멈추고 제자리에 앉는 아이들이 있습니다. 만족지연능력이 무척 좋은 아이들입니다. 더 놀고 싶은 욕구를 바로 조절한 것이지요. 그런데 대부분은 자리로 돌아가기를 주저합니다. 선생님이 "모두 자리에 돌아가 앉으세요"라고 말해야 그제야 자리에 앉습니다. 이만큼만 되어도 감정조절력을 80점 정도 갖추었다고 판단할 수 있습니다. 그런데 그때도 자리로 돌아가지 않는 아이들이 몇 있습니다. 그럼 이제 이름을 부르지요. "OOO야. 이제 자리 앉을 시간이야." 이렇게 자기 이름이 불리고서야 자리에 앉는다면 이런 아이들은 초등 시기에 걸맞은 감정조절력이 아직 부족하다고 할 수 있습니다. 이름이 불렸는데도 규칙을 거부하고 더 놀고자 떼를 쓴다면 이 아이는 도덕성 발달의 정서적 측면에서 큰 어려움을 겪고 있다고 볼 수 있습니다.

집에서도 마찬가지 방법으로 아이의 감정조절력 발달 정도를 파악해 볼 수 있습니다. 일단 아주 재미있는 놀거리를 주고 방에서 30분 정도 놀게 합니다. 한창 재미있을 때 거실에서 아이를 부릅니다. "밥 먹으러 나와." 이때 한 번에 나오면 만족지연능력이 초등 저학년 수준에서 탁월한 것입니다. 그래도 나오지 않으면 이름을 부르며 말합니다. "OOO야, 밥 먹으러 나와." 이름을 불렀을 때 바로 나온다면 앞서 말한 대로 80점 정도로 생각하면 됩니다. 그런데 결국 나오지 않아서 방문을 열고 이름을 부르며 말했을 때 그제야 멈추고 나온다면 아직 욕구를 조절하는 능력이 부족한 것입니다. 문을 열고 들어가서 이름을 불렀는데도 조금 더 하겠다고 우긴다면 감정조절력의 발달 수준이 아직 네다섯 살 정도라고 보면 됩니다.

초등 저학년 시기의 도덕적 행동은 대부분 욕구와 감정을 얼마나 잘 조절할 수 있느냐에 달려 있습니다. 아주 쉬운 예로, 내가 사탕이 먹고 싶습니다. 그런데 학교에서 다른 친구가 사탕을 가지고 있는 것을 보았습니다. 가서 달라고 합니다. 주지 않습니다. 친구가 싫다고 했으면 먹고 싶은 욕구를 조절하고 돌아와야 하는데, 조절이 안 되면 억지로 빼앗거나 몰래 그 친구 가방을 열어서 훔치게 됩니다. 감정조절력이 도덕성에 큰 영향을 주는 이유가 여기에 있습니다.

밥을 먹으러 나오라는데 아이가 계속 논다고 떼를 쓰면 마음이 약해져서, 아이가 조금 더 즐겁게 놀기를 바라는 마음에 간혹 밥 대신 간식을 방에 가져다주거나 충분히 놀다 나와서 먹으라고 하는 부모님이 있습니다. 절대 좋은 결정이 아닙니다. 화는 내지 말되, 단호한 음성과 어조로 말해 주세요.

"밥 먹고 나면 더 놀 수 있어. 지금은 밥 먹을 시간이야."

만족지연에 대해 알려 주는 것이 중요합니다. 다시 말해, 지금 잠시 멈추면 나중에 다시 할 수 있다고 알려 주는 것이 포인트입니다. 아예 하지 말라는 것이 아니지요. 그래도 멈추지 않으면 아이가 가지고 놀던 것을 집어서 엄마 방으로 가져가면 됩니다. 아이가 화를 내고 떼를 써도 단호하게 대응해야 합니다.

"밥을 먹으면 더 놀게 해줄 수 있었는데, 안타깝네."

이렇게 단호하게 행동해야 아이가 포기합니다.

자신의 욕구를 조절하고, 잠시 멈출 수 있을 때 아이의 자유가 보장됩니다. 포기는 그 자유를 위해 꼭 필요한 선택입니다. 자신의 욕구를 조절하고 절제할 수 있는 아이는 자유롭게 도적적인 선택을 내립니다.

57 행동변화 대화법

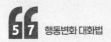

# 생활 규칙을 잘 지키게 하려면

## 평소 이렇게 말하고 있나요?

"보는 사람이 없을 때는 적당히 규칙을 안 지켜도 돼." (X)

"너는 왜 그렇게 융통성이 없니?" (X)

"규칙을 곧이곧대로 지키면 손해야." (X)

## 이렇게 바꿔 말해 보세요.

"놀이 규칙을 어겨서 이기는 건 공정하지 못한 일이야." (O)

"초록불로 바뀌었다고 바로 횡단보도를 뛰어 건너는 건 위험해. 꼭 차가 오는지 좌우를 살펴보고 건너야 해." (O)

"아무도 안 보는데도 규칙을 잘 지켰구나. 정말 잘했다." (O)

## 규칙은 과정을 공정하게 만들어 주는 최소한의 안전장치입니다.

가정에서든 학교에서든 기본적으로 지켜야 할 생활 규칙이 있습니다. 쓰레기를 아무 곳에 버리지 않는다거나, 놀이는 순서를 지켜 가며 해야 한다거나, 초록불에는 길을 건너고 빨간불에는 멈춰야 한다는 등의 규칙이 있지요. 사소한 것부터 안전이나 생명과 연결되는 것까지 우리 주변에는 다양한 규칙이 있습니다.

기본 생활 규칙을 잘 지키는 아이로 성장하려면 초등 저학년 시기가 매우 중요합니다. 규칙에 대한 내면화가 진행되는 시기이기 때문이지요. 규칙이 내면화된다는 건 왜 이것을 지켜야 하는지 이해하고 받아들일 수 있다는 뜻입니다. 더 나아가 규칙을 자연스럽게 습관으로 몸에 익힐 수 있다는 의미입니다. 이 시기를 놓치면, 규칙이나 규정에 불만을 품을 수 있고 이를 무시하거나 거부하는 패턴이 고착될 수 있습니다.

보통 학교에서 1학년 담임은 아이들에게 끈기 있게 몇 번이고 설명할 수 있는 교사를 선정합니다. 유치원 시기에는 가정에서 부모가 반복해서 알려 줍니다. 그 과정을 계속 거치다가 초등학교 입학 시기가 되면 엄마도 지쳐 버리지요. 이제 초등학생도 되었으니 말귀를 더 잘 알아듣겠지 싶어서 약간 명령조로 설명 없이 짧게 말하기도 합니다. 하지만 사실, 여러 번 반복해서 설명을 해주기에는 초등 시기가 더 적합합니다. 내면화가 이루어지는 때이기 때문입니다.

초등 이전에는 해도 되는 것과 안 되는 것을 딱딱 짚어서 알려 주고 강조해 주는 편이 더 효과적입니다. 아이들은 그 영역 안에서 더 안정감을 느낍니다. 초등학교에 입학한 후에는 학교생활을 하며 지켜야 할 규칙, 가정에서 지켜야 할 약속에 대해 반복해서 설명해 줍니다. 그러면 왜 규칙이 필요하고 왜 지켜야 하는지를 인지하고 받아들이게 됩니다. 지치지 말고 반복해서 자주 알려 줘야 한다는 것을 잊지 마세요.

놀이 규칙을 어긴다면, 차분한 설명과 함께 훈육도 해야 합니다. 대부분은 자기가 이기려고 놀이 규칙을 어깁니다. 즉 자기가 이득을 얻기 위해 공정하지 못한 행동을 저지르는 것이지요. 이 과정이 반복되면 자기 이득을 위해서라면 규칙은 준수하지 않아도 된다는 인식이 생깁니다. 규칙에 대한 내면화가 이루어지지 않고 규칙에 무감각해지고 말지요. 이런 잘못된 인식이 계속 이어지면, 놀이에서만이 아니라 일상에서 폭력 등의 방법으로 타인에게서 이익을 편취할 수 있으니 반드시 바로잡아 줘야 합니다.

초등 저학년 시기, 공동체의 규칙에 대해 '이래도 좋고 저래도 좋다'라는 식의 두루뭉술한 표현은 금물입니다. 아이에게 혼란을 주기 때문이지요. 아이에게 유연한 사고를 길러 주고 싶다는 생각에 다양한 기준에 대해 알려 주는 부모님도 있습니다. 하지만 이러한 작업은 아이들이 사춘기를 거치고 기존에 배운 규칙이나 준거에 대한 '의심'을 스스로 할 수 있는 때에나 가능합니다. 아이가 어릴 때에는 규칙을 명확히 알려 주고 설명해서, 습관화할 수 있도록 도와야 합니다.

58 행동변화 대화법

# 아이가 돈을 함부로 대할 때

## 평소 이렇게 말하고 있나요?

"요즘 동전 하나 가지고 뭐 할 수 있는 것도 없더라." (X)

"엄마 카드 갖고 있지? 학원 가기 전에 편의점 가서 뭐 사 먹어." (X)

"넌 공부만 신경 써. 돈 같은 거 신경 쓰지 말고." (X)

## 이렇게 바꿔 말해 보세요.

"동전을 이렇게 서랍 이곳저곳에 굴러다니게 하지 말고 저금통에 잘 모으렴." (O)

"일주일 용돈이야. 이 돈으로 네가 정말 필요한 것을 잘 생각해서 구입해 보렴." (O)

“샤프가 이렇게 많은데 또 샀구나. 예쁜 샤프를 사고 싶은 마음은 엄마도 알아. 그런데 정말 필요한 게 아니라면 조절할 필요가 있어.” (O)

※ 아이가 동전을 방 아무 데나 둔다면, 책상 위 눈에 보이는 곳에 저금통을 놓고 동전이 생길 때마다 저금통에 넣으라고 알려 주는 것이 더 효과적입니다. 추후 저금통에서 동전을 꺼냈을 때 제법 많이 모인 동전을 보면, 작은 돈도 모이면 큰돈이 된다는 것을 알게 되지요. 대개 아이들은 동전을 지갑에 넣고 다니는 것을 싫어합니다. 소리가 나기도 하고 편의점에서 계산할 때 동전을 꺼내는 모습을 친구들에게 보이고 싶어 하지 않습니다. 또 동전 몇 개만으로는 살 수 있는 과자나 음료가 없기 때문에 동전에 별 가치가 없다고 느끼지요. 그래서 일단 동전 모으기부터 시작하는 것이 좋습니다. 모은 동전을 지폐로 바꿔 주면, 동전의 가치를 알게 됩니다.

## 우리가 작은 돈을 우습게 여기면, 큰돈이 우리를 우습게 여기기 시작합니다.

돈을 아무렇게나 대하는 아이가 있습니다. 책상 서랍을 열어 보면 동전이 여기저기 그냥 굴러다닙니다. 심지어 천 원짜리, 만 원짜리 지폐도 책상 위 또는 서랍 한구석에 구겨진 채 있습니다. 가방을 열어도 마찬가지입니다. 가방 안 다른 잡다한 물건들 사이에 지폐가 있습니다. 누가 그 돈을 가져가도 잃어버린 줄도 모를 겁니다.

최근 초등학생들도 엄마 카드 또는 어린이 계좌와 연동된 체크카드, 편의점에서 쉽게 충전해서 사용할 수 있는 머니카드 등을 이용합니다. 그러면서 돈에 대한 감각을 피부로 느끼기 어려워지고 있습니다. 사고 싶은 건 언제든 살 수 있는 카드가 도깨비방망이처럼 느껴집니다. 아이의 경제 관념이 위험해집니다.

돈에 대한 관념을 심어 주려면 번거롭더라도 처음에는 용돈을 주고 아이가 현금으로 생활하도록 지도할 필요가 있습니다. 그리고 용돈 액수는 약간 부족한 듯하다고 느끼는 정도가 좋습니다. 그 부족한 상태가 돈을 가볍게 보지 않는 경제 관념을 만들어 줍니다.

용돈은 지갑에 넣어 다니는 습관을 갖게 합니다. 또한 돈을 이곳저곳에 흩어 놓는 것이 아니라 잘 모아 두고 필요할 때 적절히 사용할 수 있도록 훈육합니다. 작은 거스름돈도 허투루 대하지 않도록 합니다.

글로벌 외식기업 '스노우폭스 그룹'의 김승호 회장은 저서 『돈의 속성』에서 이렇게 말합니다.

"돈은 인격체person다."

돈은 인격체이기 때문에 돈을 함부로 하는 사람에게서 돈은 떠나간다고 말합니다.

유대인은 자녀에게 세 개의 저금통을 준비시킨다고 하지요. 하나는 지금 지출하기 위한 저금통, 다른 하나는 미래를 준비하는 저금통, 마지막 하나는 어려운 이웃을 돕기 위한 저금통입니다. 어린 시절부터 이렇게 준비하며 성장한 아이는 작은 동전 하나도 소홀히 할 수 없겠지요.

매일 교실에서 퇴근할 즈음이면 바닥에 떨어져 굴러다니는 연필, 지우개, 샤프, 형광펜 등을 봅니다. 주워서 교실 분실물 통에 넣지만 몇 개월, 때론 1년 동안 아무도 찾아가지 않습니다. 그렇게 매년 모이는 연필과 지우개가 박스 하나 가득합니다.

우리 아이들이 작은 돈이든 사소한 학용품이든 모두 소중히 여기고 알뜰히 사용하는 습관을 들이기를 바랍니다. 그 작은 습관이 복리가 되어 30년, 40년 후에 우리 아이를 지켜 줄 것입니다.

59 행동변화 대화법

# 비싼 물건을 사 달라고 떼쓸 때

### 평소 이렇게 말하고 있나요?

"그래, 가끔 이런 선물도 필요하지." (X)

"너만 그런 패딩이 없다고? 까짓거 엄마가 사 줄게." (X)

"네가 기쁘다면 비싸도 사 줘야지." (X)

### 이렇게 바꿔 말해 보세요.

"샤프는 지금도 많잖아. 있는 걸 사용하렴." (O)

"아직 그렇게 비싼 축구화는 필요 없지. 그건 전문가용이잖아. 이 정도 가격이면 적당해. 열심히 축구 연습하고 망가지면 또 사 줄게. 네가 축구 선수로 뽑히면 그때는 전문 선수용 축구화로 사 줄게." (O)

"여기 금통장이 있어. 네가 사고 싶은 걸 포기하면 포기한 금액만큼 금을 사서 넣어 줄 거야. 10년 후에는 그 돈이 몇 배로 불어나 있을 거야. 물건을 갖고 싶은 욕심을 가라앉히고, 값어치 있는 걸 사서 모으면 좋겠구나." (O)

## 모든 것을 가진 사람은 세상에 없고,
## 가진 것에 감사하는 사람이 가장 부유합니다.

우리 아이에게 뭐든 다 해주고 싶고, 좋은 것을 주고 싶은 게 부모 마음이지요. 아이도 어린이집이든 유치원이든 초등학교든, 공동체 생활을 시작하면서 뭔가 더 좋은 물건을 갖고 싶다는 욕심이 생깁니다. 누가 어떤 장난감을 가지고 왔는지, 누가 어떤 축구화를 신고 왔는지, 누가 어떤 스마트폰을 들고 다니는지, 누가 어떤 패딩을 입고 왔는지 눈에 보이기 시작하지요. 그러면서 자신도 그런 물건을 갖고 싶다고 표현하지요. 그런 상황에서 부모는 해주고 싶은 마음이 먼저 듭니다. 아이에게 이 물건이 필요한지 아닌지, 아이에게 과분한지 적절한지를 판단하기보다, 지금 우리 집 여건에서 아이가 원하는 것을 사 줄 수 있는지를 먼저 고민합니다.

아이가 뭔가를 갖고 싶어 할 때, 제일 먼저 고려할 사항은 '이것이 아이의 자기절제력에 도움이 될까?'여야 합니다. 여건이 된다는 단순한 이유로, 가끔은 이런 것도 누릴 수 있어야 한다는 막연한 기준으로, 아이가 기뻐하는 모습을 보고 싶다는 마음으로 비싼 물건을 쥐여 주면 아이의 소유욕은 고삐가 풀리고 맙니다.

뭐든 소유하고 나면, 그 상태가 기본이 되어 버립니다. 갖고 싶은 걸 갖는 것이 당연해지고, 점점 더 비싸고 좋은 것을 찾게 됩니다. 유아기였을 때 아이를 생각해 보세요. 비싼 장난감을 사 줘도 채 한 달도 되지 않아 다른 비싼 장난감을 사 달라고 조르지 않던가요? 소유욕은 가득 채워 주기보다 약간 여백을 남겨 주는 편이 좋습니다. 그래야 절제력을 갖추는 데 도움이 됩니다. 도깨비방망이처럼 뭐든 말만 하면 뚝딱 나온다고 생각할 만큼 쉽게 채워 주면 아이의 절제력이 낮아집니다.

필요 이상의 물건, 과분한 물건을 요구할 때는 현 상황을 환기해 주세요. 현재 가지고 있는 물건으로도 충분하다는 것을 알리고, 그걸 다 사용해야 다음 것을 살 수 있다고 알려 줍니다. 필요하더라도 과분한 물건이라면 적절한 수준으로 한정 지어 줍니다. 이때 더 좋아 보이는 물건, 새로운 물건, 더 값나가고 폼 나는 물건을 갖고 싶어 하는 아이의 감정 자체는 인정해 줍니다. 그런 생각이 들 수도 있지만 지금은 때가 아니라고 담백하게 알려 주세요.

경제 교육도 시킬 수 있습니다. 갖고 싶은 욕구를 참고 아껴서 저축을 할 수 있도록 가르쳐 주는 것이지요. 물건이 아니라 '자본'

을 갖는 재미를 느끼게 해주고, '자본'의 가치가 올라가는 과정을 알려 주면 좋습니다. 고가의 스마트폰을 사고 싶은 마음을 절제하고 학생용 스마트폰을 구매하도록 한 후 그 차액으로 금을 사서 아이 이름의 금통장에 넣어 주는 식으로 활용할 수 있겠지요.

어린 시절 고가의 물건을 쉽게 손에 넣으면 아이의 소유욕과 소비 성향이 좋지 않은 방향으로 흘러갑니다. 부족함이 절제와 더 큰 성취 동기를 이끌어 내는 데 도움이 된다는 사실을 기억해야겠습니다.

60 행동변화 대화법

# 정리 정돈을 안 하는 아이에게

### 평소 이렇게 말하고 있나요?

"책상을 깨끗이 치워 놔야 공부가 되지!" (X)

"옷을 이렇게 아무렇게나 막 놓지 말라니까." (X)

### 이렇게 바꿔 말해 보세요.

"반팔 체육복을 가져와 보렴."

(1분 이내에 방에서 가져오면, 개입하지 않음)

(찾아오는 데 1분 넘게 걸리고 어디 있는지 몰라서 다시 엄마에게 물어보면, 개입해서 구체적인 위치를 알려 줌) (O)

"물감과 붓을 가져와 보렴."

(1분 이내에 찾아오면, 개입하지 않음)

(1분 이내에 물감 또는 붓만 찾아 오거나 찾아 오는 데 1분 넘게 걸리거나 둘 다 못 찾아 온다면, 개입해서 미술도구를 한데 모아 두는 장소를 지정해 줌) **(O)**

## 누군가의 완벽한 정리법보다 나만의 질서가 중요합니다.

아이가 너무 정리 정돈을 안 해서 힘들다고 하는 엄마가 있습니다. 6학년이 되었는데도 방에 들어가 보면 바닥에 온갖 물건이 널브러져 있습니다. 아무리 말해도 소용이 없고, 치워 주는 것도 지칩니다. 그런 아이들의 학교 사물함에는 문을 닫기도 어려울 만큼 책과 학용품, 옷가지 등이 가득합니다.

일단 정리 정돈도 성향에 많은 영향을 받습니다. 똑같이 가르쳐도 교육한 것 이상으로 지나치다 싶을 만큼 정리 정돈을 하는 아이가 있는가 하면, 본인은 다 정리했다고 하는데 막상 살펴보면 어수선한 상태 그대로인 아이도 있습니다.

그런데 정리의 기준에 대해 다시 생각해 볼 필요가 있습니다. 노벨상 수상자나 인류사에 남을 업적을 남긴 위인들의 서재나 작업실 사진을 보면 생각보다 어수선한 경우가 많습니다. 책과 각종

연구 자료가 잔뜩 쌓여 있고, 구석구석에 작업 도구가 먼지 묻은 채로 방치되어 있지요. 물론 정리 정돈 안 하는 우리 아이도 위대한 업적을 남길 거라는 보장은 전혀 없다는 것, 아시지요? 그 위인들은 목표가 분명했고, 사진 속에는 목표를 성실하게 수행하는 과정이 담겼을 뿐입니다. 다시 말해, 정리 정돈은 그 목표 안에 들어 있지 않았을 뿐이라는 겁니다.

정리 정돈이 중요한 목표가 될 필요는 없습니다. 더구나 그 기준도 사람마다 다릅니다. 정리 정돈과 관련해서는 단 한 가지 요건만 충족하면 됩니다. 바로 내가 필요한 것을 그때그때 바로 찾을 수 있도록 정리하는 것입니다. 내 기준대로 정리한 환경 안에서 하고자 하는 것에 몰입할 수 있으면 다른 사람 눈에 어떻게 보이는지는 별 상관이 없습니다.

물건을 평소 잘 정리하지 못한다면 아이에게 물건을 가져오라고 말해 보세요. 예를 들어, 수학 문제집을 가져오라고 합니다. 방에서 바로 찾아옵니다. 그럼 괜찮습니다. 이번에는 풀을 가져오라고 합니다. 그런데 풀을 찾는 데 2~3분이 걸리고, 못 찾겠다고, 풀이 없다고 대답합니다. 그러면 그 부분에는 개입이 필요합니다. 앞으로 풀, 테이프, 본드 같은 접착제는 책상 두 번째 서랍에 넣어 두라고 구체적으로 알려 줍니다. 물건의 위치를 정해 주는 것이지요.

어떤 물건을 찾아 오는 데 1분 이상 걸린다면, 그때는 그 물건을 두는 위치를 특정해서 알려 주세요. 그리고 2~3일 간격으로 확인해 봅니다. 어떤 물건을 1분 이내에 바로 찾아온다면, 정리 정돈에 대한 훈육 때문에 엄마의 감정을 소모하거나, 아이에게 스트레스를 줄 필요가 없습니다. 아이가 자신에게 필요한 물건을 필요한 순간에 찾을 수 있을 정도면, 그것으로 정리는 된 것입니다. 엄마가 보기에 어수선하고 지저분해서 답답하더라도, 그 감정은 엄마의 몫입니다. 그건 엄마가 견뎌야 할 감정이지요. 단, 아이 방과 같은 아이의 영역은 아이의 기준에 맞추되, 엄마나 아빠의 영역을 아이 마음대로 어질러 놓게 해서는 안 됩니다.

61 행동변화 대화법

# 계획성이 없는 아이에게

## 평소 이렇게 말하고 있나요?

"왜 맨날 까먹냐. 미리미리 준비 좀 하라고." (X)

"저번에 사 준 다이어리는 또 어디 갔는데!" (X)

"월요일은 수학 학원 숙제 있는 날이잖아. 그렇게 자꾸 잊어버려서 되겠어?" (X)

## 이렇게 바꿔 말해 보세요.

"준비물이나 해야 할 숙제를 까먹지 않게 적어 두자. 다이어리, 포스트잇, 수첩, 공책 어떤 게 좋을 것 같아?" (O)

"학교 수업 시간표는 매주 프린트해서 책상 앞에 붙여 놔. 눈에 잘 보

이게. 준비물 같은 거는 안 잊어버리게 형광색으로 표시해 놓고." (O)

"일요일 저녁에는 앞으로 일주일 동안 무엇무엇을 해야 하는지 미리 점검하는 시간을 가지면 좋아." (O)

계획은 보물지도와 같아서,
간단한 메모 하나가 성취로 가는 길을 알려 줍니다.

4학년 정도가 되면 다이어리를 적는 아이들이 한두 명 보이기 시작합니다. 6학년 정도 되면 두세 명이 더 늘어나 있지요. 대부분이 여자아이입니다. 예쁜 다이어리에 스티커를 붙이며 이것저것 적어 놓습니다. 좋아하는 연예인 생일에는 형광색 하트 표시가 되어 있습니다. 친구들이랑 '인생네컷'을 찍는 날에도 별표가 되어 있습니다. 별표 아래에는 같이 가는 친구들 이름이 적혀 있고요. 학원 수학 숙제를 해야 하는 날에는 눈물 표시가 되어 있습니다. 얼핏 보면 컷이 나뉘어 있는 만화책 같기도 하고, 자세히 보면 이 아이가 어떤 생각과 계획성을 가지고 하루하루를 살아가고 있는지도 보입니다.

그런데 계획성이라고는 찾아보려야 찾아볼 수 없는 아이도 있습니다. 아침에 학교에 와서 수업 종이 울린 다음에야 1교시 수업이 음악인 것을 알아차립니다. 다른 아이들이 가방에서 리코더를 꺼내고 있을 때 말합니다.

"오늘 음악 수업이 있었네. 리코더 안 가져왔는데."

그런데도 그렇게 걱정하는 표정이 아닙니다. 그냥 어떻게든 지나가면 된다는 식이지요. 매일 아침이 그렇게 시작됩니다. 아침만이 아닙니다. 쉬는 시간에 아이들이 영어 단어를 외우고 있는 걸 보고 묻습니다.

"오늘 영어 단어 수행 시험 있냐?"

주변 친구들을 의식한 듯 영어책을 꺼내 들지만 그렇다고 집중하는 모습은 아닙니다. 이 또한 어떻게든 지나갈 거라고 생각하고 넘깁니다.

모든 아이가 오늘 하루를 어떻게 보낼지 체크리스트 작성하듯이 다이어리를 쓸 필요는 없습니다. 아이 성향상 다이어리가 필요 없을 수도 있고요. 중요한 건 내가 해야 할 일과 일정을 인지하고 준비와 계획을 할 수 있어야 한다는 것입니다. 이를 위한 방법이 다이어리 쓰기일 수도 있고, 학교 수업 시간표를 책상에 붙여 놓는 것일 수도 있습니다. 때로는 중요한 것만 따로 포스트잇에 적어서 눈에 잘 보이는 곳에 붙여 놓을 수도 있습니다. 계획을 매일 세울 수도 있고, 일주일 단위로 세울 수도 있습니다.

계획을 세우는 방식은 다양하지만 목표는 하나입니다. 정해진 시간 내에 과제(할 일)를 수행하고, 일정을 소화할 수 있도록 계획하면 됩니다. 계획성과 준비성이 부족한 아이일수록 눈에 잘 보이는 곳에 할 일을 붙여 두면 좋습니다. 그런 아이는 다이어리를 작성해 보라고 권해도, 며칠만 지나면 다이어리가 어디 있는지도 모르기 십상입니다. 그보다는 포스트잇에 적어 책상이나 문 앞, 현관 옆에 붙여 놓는 것이 좋습니다. 어떤 아이는 쪽지에 간단히 적어서 필통 속에 넣어 둡니다. 필통을 열 때마다 눈에 띄도록 하려는 것이지요. 어떤 아이는 손바닥에 적어 두기도 합니다. 어떤 방법이든 상관없어요. 아이 나름의 성향에 맞춰서 잘 계획하고 준비할 수 있도록 도와주면 됩니다.

62 행동변화 대화법

# 스마트폰을 사 달라고 조르는 아이에게

## 평소 이렇게 말하고 있나요?

"그럼 하루에 스마트폰 게임은 30분만 하는 거야." (X)

"스마트폰은 숙제 다 하고 나서 가지고 노는 거야." (X)

"네가 잘 조절하면서 사용할 수 있지? 엄마 믿는다." (X)

## 이렇게 바꿔 말해 보세요.

(단호한 어조로) "초등학교 졸업하기 전까지 스마트폰은 안 돼." (O)

"스마트폰이 없어서 왕따 당하는 것보다 스마트폰으로 SNS를 하다가 왕따를 당하는 경우가 더 많아." (O)

"숙제를 꼭 스마트폰으로 확인하고 제출할 필요는 없어. 집에 있는

PC나 스마트패드로 숙제하고 제출해." (O)

"뇌는 초등 시기까지 계속 발달해. 또 그 시기에는 스마트폰 중독에도 더 쉽게 빠지지. 지금 너에게는 스마트폰으로 뭔가를 하는 것보다 손으로 만들고 붙이고 책을 읽고 악기를 다루는 활동이 더 필요해." (O)

## 스마트폰은 마법의 상자가 아니라, 상상력을 가두는 감옥이기도 합니다.

스마트폰 때문에 많은 엄마가 힘들어합니다. 그냥 힘들어 하는 정도가 아니라 너무 힘들어 합니다. "학교에서 나만 스마트폰이 없다"는 이야기를 들으면 마음이 약해집니다. 스마트폰이 없어서 이야기에 낄 수도 없고 왕따를 당하는 것 같다는 말을 들으면 마음이 불안해집니다. 이쯤 되면 어쩔 수 없이 스마트폰을 사 주고 말지요.

정확하게 말씀드립니다. 요즘 학교에서는 수업 시작 전에 스마트폰을 대부분 걷고 하교할 때 나누어 줍니다. 걷지 않는다고 해도 교내에서 자유롭게 이용하게 두지 않습니다. 수업 중 필요할 때만 꺼내서 활용하게 합니다. 아이들이 스마트폰을 가지고 자유롭게 놀게 하거나 게임을 하게 두는 학교는 없습니다. 스마트폰이 없다고 쉬는 시간에 대화에 끼지 못하는 일은 거의 없다고 보면 됩니다. 왕따 문제도 마찬가지입니다. 스마트폰이 없어서 왕따를 당하는 경우보다 스마트폰이 있어서 SNS상에서 왕따나 비방의 대상이 되는 경우가 더 많습니다. 또는 스마트폰 때문에 자기도 모르는 사이 학교폭력 가해자가 되어 학폭위에 불려 가기도 합니다. 우리 아이가 직접 욕이나 비방을 하거나 놀리지 않았더라도, 누군가를 욕하는 단체 카톡방에 들어가 있다는 이유만으로도 집단폭력 가해자 또는 방조자가 될 수 있습니다.

페이스북의 초창기 멤버였던 숀 파커Sean Parker는 소셜미디어 플랫폼이 특히 어린이와 청소년에게 해악을 끼칠 수 있다고 경고합니다. 또 일부 양심 있는 앱 개발자와 뉴미디어 플랫폼 개발자는 '두뇌 납치Brain Hijacking'라는 표현까지 써가며 스마트폰의 위험성을 이야기합니다.

아이에게 스마트폰이 쥐어지는 순간, 엄마와 했던 모든 약속은 물거품이 됩니다. 우리 아이가 의지가 약하고 약속을 가볍게 여기는 무책임한 아이라서가 아닙니다. 인간의 나약한 심리를 파고드는 플랫폼이 너무나 많기 때문입니다.

방법은 하나입니다. 아직 아이의 뇌가 유연하고 확장 가능한 시기인 초등학생 때까지만이라도 스마트폰을 사 주지 않는 겁니다. 전자문서를 확인해야 하거나 영상으로 과제를 제출해야 하거나 친구들과 SNS 소통이 필요할 때도 있을 겁니다. 하지만 스마트폰이 아니더라도 가정 내 PC나 스마트패드를 이용하면 얼마든지 할 수 있습니다.

하고 싶은 게임, 보고 싶은 영상, 관심사를 미리 쇼츠로 제공하는 플랫폼에 매 순간 너무도 쉽게 빠져들게 하는 스마트폰은 우리 아이의 뇌를 납치해서 어느새 중독의 웅덩이에 몰아넣습니다.

아이의 하소연에 마음 약해지면, 스마트폰 중독에 빠져서 다른 것을 소홀히 하는 아이를 보며 매일 화를 내는 일상이 펼쳐집니다. 초등 시기만큼은 스마트폰에 대해 말할 때 단호한 어조를 유지하기 바랍니다. 키즈폰이나 폴더폰만 있어도 충분합니다. 인터넷 연결 없이 서로 연락을 주고받을 수 있는 전화기를 마련해 주기 바랍니다.

63 행동변화 대화법

# 스마트폰 사용에 관리가 필요할 때

### 평소 이렇게 말하고 있나요?

"엄마가 믿을 거니까, 잘 사용하렴." (X)

"스마트폰에 중독되지 않게 적당히 사용해야 해." (X)

### 이렇게 바꿔 말해 보세요.

"엄마가 일주일에 한두 번은 네 스마트폰을 살펴볼 거야." (O)

"네 이름, 학교, 집 주소 같은 개인 정보를 SNS에 노출하면 안 돼." (O)

"스마트폰으로 모르는 사람하고 대화하지 않도록 해." (O)

"단체 카톡을 하면서 어떤 친구에게 화가 난다고 욕하거나 놀리면 안 돼. 갈등이 생기면 직접 만나서 대화로 해결해야 해." (O)

## 사용을 막을 수 없다면,
## 관리의 책임을 다해야 합니다.

하루 30분 또는 한 시간 정도만 스마트폰을 하겠다는 약속은 대부분 3주를 넘기지 못한 채 흐지부지됩니다. 3주만 지나면 하루 세 시간도 넘게 스마트폰을 붙들고 있는 아이를 마주하게 됩니다. 엄마의 잘못도 아이의 잘못도 아닙니다. 매 순간 엄마가 아이 곁에 있을 수도 없는 노릇이고요. 아이의 의지력만으로 스마트폰을 안 하기도 어렵습니다. 아이도 엄마도 '약속'이라는 타협을 하고 희망을 걸 뿐이지요.

이미 일상의 많은 부분을 스마트폰에 의존하고 있는 상황에서 아이에게서 스마트폰을 회수할 용기도 나지 않습니다. 아이가 얼마나 강하게 저항할지 예상이 되기 때문입니다. 그렇다고 '언젠가는 괜찮아지겠지' 하는 마음으로 그냥 회피해서는 안 됩니다. 저절로 괜찮아지는 일은 흔치 않습니다. 오히려 안 좋은 상황이 심화되지요.

금지할 수 없다면 적어도 우리 아이가 스마트폰을 안전하게 사용할 수 있도록 관리해야 합니다. 스마트폰 속에서 누구를 만나고 있는지, 무분별하게 개인 정보를 노출하고 있지는 않은지, 단체 카톡방에서 자기도 모르는 사이에 폭력에 가담하거나 혹은 그러한 상황을 방조하고 있지는 않은지 살펴야 합니다.

아이 입장에서는 왜 자신의 스마트폰을 보냐고 따질 수도 있겠지요. 그럴 때는 명확하게 알려 주세요.

"영수야, 네가 친구를 만나러 어디 갈 때 엄마한테 허락을 받고 가잖아. 스마트폰도 마찬가지야. 네가 방에 앉아서 스마트폰을 보고 있긴 하지만, 그걸 통해 누군가를 만나고 있다면 엄마가 알아야 하는 거야."

물론 매번 스마트폰으로 무얼 하는지 옆에서 지켜보거나 일일이 허락을 해줄 수는 없겠지요. 그래도 적어도 정기적으로 확인은 해야 합니다. 그 필요성과 점검 규칙을 명확히 알려 주세요.

"일주일에 한두 번 엄마가 네 스마트폰을 살펴볼 거야. 누구와 어떤 대화를 나누는지, 어떤 앱을 사용하는지, 유튜브에서 주로 어떤 영상을 보는지 등을 말이지. 그건 부모로서 당연히 해야 할 의무야. 네가 안전하게 스마트폰을 사용할 수 있도록 관리해 주는 거야. 네가 성인이 되면 그땐 네가 스스로 조절해야 하지. 엄마, 아빠의 관리를 받아들일 수 없다면 스마트폰은 사용할 수 없어."

아마 아이의 스마트폰을 살펴본다고 해서 뭔가를 찾아낼 수는 없을 겁니다. 아이가 그 흔적을 지우면 그만이니까요. 하지만 스마트폰이 관리되고 있다는 사실만으로도 나름의 원칙을 지키며 스마트폰을 사용하려 애쓰게 됩니다. 그것만으로도 적잖은 효과를 볼 수 있지요.

잘못된 스마트폰 사용으로 고통받는 아이와 부모가 너무나 많습니다. 스마트폰 사용을 허락할 수밖에 없다면, 어떻게 사용하고 있는지 꼭 관리해 줘야 합니다. 스마트폰 오남용으로 인해 어떤 사건이 발생하면 그때는 열 배 스무 배가 넘는 노력으로도 수습하기 어렵습니다.

64 행동변화 대화법

# 폭력을 자주 사용하는 아이에게

## 평소 이렇게 말하고 있나요?

"왜 때린 거야?" (X)

"아~, 그래서 네가 때렸다는 말이구나." (X)

## 이렇게 바꿔 말해 보세요.

"네가 때린 게 사실이니?" (O)

"폭력을 쓰다니, 지금 엄마가 보는 앞에서 동생에게 사과해." (O)

"어떤 이유로도 폭력은 정당화될 수 없어." (O)

## 어떤 이유든 폭력은 용납될 수 없음을 단호하게 인식시킵니다.

폭력을 습관처럼 사용하는 아이가 있습니다. 언어폭력, 물리적 폭력, 물건 빼앗기, 협박하기 등 폭력의 양태는 다양합니다.

폭력이라는 수단을 통해 이익을 보고, 그러한 경험이 누적되면 폭력이 습관이 됩니다. 한번 맛을 들리면 손쉽게 이득을 취할 수 있다는 생각에 폭력의 굴레에서 좀처럼 빠져나오기 어렵습니다. 시간이 갈수록 자신의 폭력을 합리화하고 정당화합니다. 그런데 아이러니하게도 그러한 합리화가 교사나 학부모에게서 시작되는 경우가 많습니다.

보통 어떤 아이가 폭력을 사용한 정황이 포착되면 이런 질문을 던집니다.

"영수야, 철수를 왜 때린 거야?"

그러면 영수는 이렇게 답변하지요.

"철수가 놀렸단 말이에요."

간단한 질문과 대답이지만, 이는 폭력을 정당하게 사용했다고 항변할 기회를 주는 것과 마찬가지입니다. 어떤 아이가 폭력을 사용한 사실을 인지했다면, 가장 먼저 할 일은 왜 폭력을 사용했는지 묻는 것이 아닙니다. 정말 폭력을 사용했는지, 사실 여부부터 물어 주세요.

"영수야, 네가 철수를 때렸다는데 정말 때린 거야?"

아마 아이는 이 질문에 대답하지 않고, 때린 이유부터 말하려고 할 겁니다.

"철수가 저를 놀렸단 말이에요."

그러면 이 대답을 받아 주지 말고 다시 물어보세요.

"네가 때린 게 사실이냐고 물었잖아. 네가 철수를 때렸어?"

철수를 때렸다는 대답을 하거나 고개를 끄덕이면, 바로 사과부터 시킵니다.

"어떤 이유가 있든 폭력은 정당화될 수 없어. 사과부터 해."

폭력을 행사했는지 사실 여부를 확인하고, 그 즉시 사과하라고 시키세요. 이 과정이 먼저입니다. 사과 후에 이런저런 이유를 말하려고 하면 다시 알려 줍니다.

"그래. 너를 놀려서 속상한 마음이 들었을 거야. 그래도 폭력은 안 돼."

그런 후에 철수에게 영수를 놀린 데 대해 사과하도록 합니다. 폭력에 대한 대응은 아주 간단합니다. 어떤 경우든, 어떤 이유가 있든 폭력은 용납되지 않는다고 똑똑하고 분명하게 알려 주세요. 아이가 폭력을 행사한 이유를 이야기해도 시간을 오래 들여서 들어 주지 마세요. 자신이 공감받는다고 착각할 수 있습니다. 폭력은 절대 써서는 안 되고, 일말의 공감도 받아서는 안 됩니다.

65 행동변화 대화법

# 욕을 습관처럼 입에 달고 사는 아이에게

### 평소 이렇게 말하고 있나요?

"어디서 그런 욕을 배운 거야. 너 나쁜 사람 되고 싶어?" (X)

"네가 깡패니? 그런 욕을 입에 담다니!" (X)

"욕하는 건 나쁜 거라니까! 착한 애가 왜 이렇게 변했니?" (X)

### 이렇게 바꿔 말해 보세요.

"욕하면서 감정을 풀어서는 안 돼. 네 감정을 있는 그대로 표현하는 게 좋아. 화가 나면 화가 났다고 말해. 욕하지 말고. 비방이나 감정이 섞인 욕은 언어폭력이야." (O)

"아무리 친한 친구 사이라도 단체 카톡에서 욕을 하면 안 돼. 말로 표현하는 것과 글로 남기는 건 전혀 다른 일이야. 언제든 그걸로 네가 가해자가 될 수 있기 때문에 주의해야 해." (O)

"친한 친구들끼리 우정의 표현으로 욕을 주고받는 것까지는 뭐라고 안 할 거야. 그래도 너무 자주 많이 사용하면 자칫 친구의 감정이 상할 수 있어. 오랫동안 좋은 친구 사이로 지내고 싶다면 친근한 욕설 표현도 선을 넘으면 안 돼." (O)

## 욕을 하는 입술 뒤에도
## 따뜻한 마음이 숨어 있을 수 있습니다.

욕을 섞어 가며 말하는 아이들이 있습니다. 일단 욕부터 넣고 말을 시작합니다.

"씨O, 너 어제 게임 했지."

그리고 중간에 추임새처럼 욕이 아닌 듯 욕을 넣습니다.

"미친……."

일상에서 욕을 쓸 때마다 담임이 개입하면, 그 아이는 쉬는 시간마다 혼나야 할 것입니다.

한번은 학부모 면담 중에 어머님이 너무 놀랐다는 듯이 이야기한 적이 있습니다.

"우리 민철이가 카톡에 욕설을 적은 걸 보고 깜짝 놀랐어요. 지금까지 한 번도 욕을 한 적이 없었거든요. 정말 착한 앤데 왜 갑자기 욕을 하기 시작했는지……."

저는 오히려 깜짝 놀라는 어머님의 반응에 놀랐습니다. 민철이는 학교에서 욕을 입에 달고 사는 아이 중 한 명이었으니까요. 민철이가 착한 아이라는 말은 맞습니다. 착한 아이도 욕을 입에 올립니다. 욕을 하면 나쁜 아이고, 착한 아이는 욕을 하지 않는다는 공식은 없습니다. 또래 언어에서 어찌 보면 욕은 필수입니다. 착하고 안 착하고의 문제는 아니에요.

초등 아이들이 일상 대화에 욕설을 섞는 이유는 '소속감의 욕구'를 채우기 위해서입니다. 비속어나 은어, 약어도 마찬가지입니다. 자기들끼리 쓰는 언어는 우리가 같은 편이라는 강한 소속감을 줍니다.

또한 개인적으로 과시 욕구나 개성 표출 욕구를 욕설을 통해 충족하기도 합니다. 물론 그런다고 다른 친구들이 그걸 멋있다고 인정해 주지는 않습니다. 혼자만의 만족이지요. 이 밖에도 권위에 대한 저항이나 반항의 표시로 욕설을 하기도 합니다. 감정을 분출하며 후련함을 느끼기도 합니다.

이유야 어쨌든 어른 입장에서는 듣기가 거북하지요. 걱정도 되고요. 그렇다면 아이의 욕설에 어떻게 개입해야 할까요.

첫째, 아이가 감정이 섞인 욕설을 할 때는 개입해서 훈육합니다. 예를 들어 줄을 서 있는데 누가 새치기를 하면 기분이 나쁘겠지요. 그 상황에서 내 감정을 욕설로 해결하려 할 때는 개입이 필요합니다.

둘째, SNS에 욕설을 적을 때는 감정이 포함되어 있든 그렇지 않든 개입해서 훈육합니다.

셋째, 또래들끼리 소속감을 느끼기 위해 감정 없이 욕설을 사용할 때는 바로 개입하지 않습니다. 횟수가 지나치게 많거나 표현이 지나치게 강할 때, 혹은 습관이 되어 친한 친구가 아닌 다른 사람 앞에서도 그런 말을 사용한다면 주의를 줘야 합니다.

넷째, 과시나 개성 표현의 욕구를 충족시키기 위해 욕설을 할 때는 곧바로 직접 개입하기보다 추후 시간을 내서 설득합니다. 그런 표현을 사용하면 오히려 타인에게 좋지 않은 평가를 받게 된다는 것을 알려 줍니다.

다시 강조하건대 욕을 사용한다고 해서 무조건 나쁜 아이라는 생각은 하지 않아도 됩니다. 단, 욕설 안에 감정이 실렸다면 적극적으로 개입해서 아이가 더 긍정적인 방식으로 감정을 표출할 수 있도록 도와줘야 합니다.

한편, 다른 아이가 우리 아이에게 감정 섞인 욕을 할 수도 있습니다. 이럴 때는 친한 친구 사이라고 해도 어떻게 대응해야 할지 몰라 아이가 당황할 수 있습니다. 친구끼리 연대감과 소속감을 느끼며 하는 욕은 관계를 부드럽게 만들어 주지만, 감정이 섞인 욕이라면 반대로 관계가 차갑게 얼어붙습니다. 누군가 내게 감정 섞인 욕을 했다면 똑같이 욕설로 대응하지 말라고 알려 주세요. 그보다는 선생님에게 가서 누가 내게 욕을 해서 기분이 상했다고 말할 수 있도록 안내해 주세요. 똑같이 맞대응을 하거나, 혹은 참고 참다가 폭발하는 식으로 대응을 하면 문제가 더 심각해질 수 있습니다. 더 심한 욕이나 폭력을 사용한다면 안타깝지만 우리 아이가 피해자가 아닌 가해자가 되는 것이 교실 현장입니다. 누군가 내게 감정 섞인 욕설을 했고, 그래서 마음이 상했다면 선생님에게 상한 감정을 알리라고 지도해 주세요. 그리고 사과를 받게 해달라고 요청하는 것이 가장 현명한 방법입니다.

66 행동변화 대화법

# 성적 수치심을 주는 장난을 하는 아이에게

### 평소 이렇게 말하고 있나요?

"친구의 치마를 들췄다고? 다음부터는 그런 장난 하면 안 돼." (X)

"그 여학생을 좋아해서 뽀뽀를 했구나." (X)

"네가 이뻐서 그런 거야. 그냥 장난이야." (X)

### 이렇게 바꿔 말해 보세요.

"여학생 치마를 들추는 건 장난이 아닌 성추행이야. 절대로 하면 안 돼." (O)

"네가 좋아한다고 해서 뽀뽀하거나 끌어안으면 절대 안 돼." (O)

"친구의 신체 일부를 몰래 사진 찍는 건 절대 하면 안 되는 일이야." (O)

"여학생 몸을 손으로 쿡쿡 찔러서는 안 돼. 특히 가슴이나 엉덩이는 절대 안 돼." **(O)**

※ 구체적으로 알려 주면서 절대 안 된다고 강력하게 표현합니다.

## 상대방이 불편해 한다면 그것은 이미 장난이 아닙니다.

1~2학년 저학년 아이들 사이에서도 학교폭력 신고가 늘고 있습니다. 이와 함께 성性과 관련된 사안도 급속하게 퍼지고 있습니다. 가해 학생은 그럴 의도가 없었다거나 그저 장난으로 생각하는 경우가 많아서 사전 교육이 필수적입니다.

학년에 상관없이 성 관련 장난은 절대로 하지 말아야 한다고 미리 알려 주세요. 교육을 할 때는 구체적으로 알려 줘야 합니다. 당사자는 그저 장난이라고 해도 성과 관련되어 있다면 사안이 엄중해질 수밖에 없습니다. 일반적인 학교폭력의 경우에는 교육청 조사관의 도움을 받아 학교에서 조사와 처리가 이루어지지만, 성 관련 사안(성추행, 성희롱, 성폭력 등)이라면 학교에서 의무적으로 교육청뿐 아니라 직접 담당 경찰에 알려야 합니다. 사안의 경중에 따라 경찰 조사를 받을 수도 있습니다.

학교에서 남자아이들이 그저 장난이라고 생각하는 성 관련 사안은 다음과 같습니다. 본인은 장난일지 몰라도 상대방이 불편하고 불쾌하다면 그것은 이미 장난일 수가 없으니, 절대 행동으로 옮기지 않아야 한다고 알려 줍니다.

1. 여학생의 치마를 들추는 행위
2. 여학생의 가슴, 엉덩이 등을 때리거나 차거나 만지는 행위
3. 팬티가 보였다고 놀리는 행위
4. 여학생의 신체 일부를 사진 찍거나 그 사진을 다른 학생과 돌려보는 행위
5. 다른 친구가 학급 여학생 사진을 찍어 단체 카톡방에 올렸을 경우 함께 보면서 장난 표현을 남기는 행위(장난 댓글을 남겨서는 안 되고, 학급 교사에게 알려야 가해자가 되지 않음. 그렇지 않으면 함께 돌려본 사람도 가해자가 됨. '이런 사진을 단체 카톡에 올리는 행동은 하지 말라'고 답변하고 교사에게 알려야 함.)
6. 여학생 앞에서 성 관련 표현하기(예: 너 섹스가 뭔지 알아? 너 야한 영상 본 적 있지? 너 생리 시작했냐?)
7. 여학생의 신체를 놀리는 표현(예: 너는 왜 엉덩이 크기가 다르냐~.)
8. 뽀뽀하거나 끌어안는 행위(서로 좋아하는 사이라고 생각하더

라도 해서는 안 됨.)

9. 여학생에게 고추를 보여 주는 행위(예: 너 방금 내 고추 봤지. 이제 네 것도 보여 줘.)
10. 여학생 소지품에서 생리대를 꺼내 놀리는 행위
11. 여학생이 보는 앞에서 성행위를 흉내 내는 행위

성적 수치심에 대한 교육은 남학생에게만 해당되지 않습니다. 위 사안을 여학생에게도 미리 알려 주는 것이 좋습니다. 여학생 입장에서도 이것이 성적 수치심을 주는 행동이라는 것을 인지하지 못하는 경우가 많습니다. 기분이 나쁘기는 한데 정확하게 어떻게 대응해야 할지 모르는 채 지나가기도 합니다. 위와 같은 사안이 발생하면 반드시 선생님이나 부모님에게 알려야 한다고 교육해 주세요. 더 나아가 여학생에게도 남학생에게 성적 수치심을 안겨 줄 수 있는 다음과 같은 표현이나 행동을 하지 말아야 한다고 알려 줍니다.

1. 남학생의 성기 부분을 발로 차거나 손으로 치는 행위
2. 남학생에게 게이 같다고 놀리는 행위(예: 너는 무슨 목소리가 여자 같냐.)
3. 남학생의 신체 일부를 찍어 친한 여학생들과 돌려보는 행위
4. 내가 좋아하는 남학생에게 포옹이나 뽀뽀를 하는 행위

이러한 교육은 초등 1학년도 예외가 될 수 없습니다. 아이끼리 장난치는 건데 너무 예민하게 군다고 안일하게 생각해서는 안 됩니다. 일이 터진 후가 아니라 사전에 구체적으로 교육해야 합니다. 그러지 않으면 성 관련 폭력 가해자 또는 피해자가 될 수 있음을 반드시 염두에 둬야 합니다.

67 행동변화 대화법

# 아이가 왕따를 당한다고 말할 때

## 평소 이렇게 말하고 있나요?

"네가 그렇게 바보같이 있으니까 걔들이 자꾸 그러는 거 아냐!" (X)

"그냥 너도 무시해 버려." (X)

"안 되겠다. 엄마가 내일 학교에 가서 그 애들 혼내 줄게." (X)

## 이렇게 바꿔 말해 보세요.

"어떻게 왕따를 당했다는 건지 엄마한테 천천히 말해 봐." (O)

"지금 네가 해준 말을 최대한 그 내용 그대로 선생님께 말씀드릴 거야. 그런 일이 있었는지 선생님이 확인해 주실 거야. 사실 확인이 어렵다고 해도 앞으로 네 주변에서 그런 일이 일어나는지 잘 살펴 달라고

말할 거야." (O)

"선생님을 통해 사실이라고 확인되면 그 애들에게 사과받게 해달라고 말씀드릴게." (O)

"그 애들이 다음에 또 그러거나 다른 방식으로 왕따를 시키면 바로 선생님께 말씀드려. 집에 와서 엄마한테도 바로 말하고. 지난번에 사과하고도 또 그러면 그때는 학교에 정식으로 학교폭력 조사를 해달라고 할 거야." (O)

## 드러나지 않는 왕따가 빈번해지고 있습니다.

교육부에서는 매년 학교폭력 실태조사 결과를 발표합니다. 2023년 결과를 보면 학교폭력 피해를 당했다는 응답률이 초등학생에서 가장 높았습니다. 피해 유형 중 집단 따돌림은 언어폭력(약 37%), 물리적 폭력(약 17%)에 이어 약 15%로 나타났습니다. 비율로 봐도 결코 적지 않지요.

왕따라고 불리는 집단 따돌림은 해가 갈수록 그 방법이 교묘해지고 있습니다. 강해진 학교생활 규정과 학교폭력 신고 때문에 대놓고 왕따를 시키기보다 드러나지 않는 형태로 진화하고 있습니다. 심지어 왕따를 당하는 아이가 몇 개월 동안 자신이 왕따를 당하는 줄도 모른 채 지내기도 합니다. 담임 교사도 상황을 점점 알기 어려워지고 있고요. 자기들끼리 놀이를 할 때 특정 아이에게만 벌칙을 은근히 몰아가는 식입니다. 담임이 볼 때는 같이 잘 어울려서 노는 것처럼 보이지요.

아무 이유 없이 그냥 재미 삼아서 왕따를 시작하는 경우도 있습니다. 그러고는 그걸 '왕따 놀이'라고 부릅니다. 누구 하나를 정해서 그 친구가 교실에 없는 듯이 며칠 또는 몇 주를 지냅니다.

아이가 왕따를 당하는 것 같은 기분이 든다고 말하면, 일단 찬찬히 상황을 들어 주세요. 중간에 말을 끊지 않아야 합니다. 최대한 아이가 하는 말을 그대로 기억했다가 담임 교사에게 전달합니다. 그리고 정말로 왕따를 당하고 있는지 며칠 동안 살펴봐 달라고 이야기하세요. 아이의 이야기를 들어 보니 왕따인 것 같기도 하고, 아닌 것 같기도 하고, 이런 일로 학교에 연락하는 게 맞는지 망설여진다고 해도 담임 교사에게 말하는 것이 가장 좋습니다.

가장 하지 말아야 할 것이 하나 있습니다. 아이에게 이런저런 방법으로 대처해 보라고 권하는 건 절대 금물입니다. 실제 왕따를 당하고 있는 상황이라면 아이 스스로 해결 방법을 찾기란 거의 불가능하기 때문이지요. 그리고 아이가 오해했던 거라면 엄마의 조언은 애초에 아무런 효과가 없습니다.

어느 경우든 아이에게 이런저런 방법을 권하고 스스로 그 상황을 타계해 나가라는 듯한 표현은 당사자에게 막막함을 느끼게 합니다. 이런 상황에서 부모는 아이의 가장 든든한 울타리이자 안전망이 되어 주어야 합니다. 담임 교사에게 아이가 말한 상황을 최대한 있는 그대로 전하고, 지속적인 모니터링을 통해 진위를 파악한 후, 교육적 조치가 이루어지는 것이 최선입니다.

간혹 아이 말만 믿고 대뜸 학교로 찾아가서 왕따를 시킨다는 아이들을 직접 혼내는 경우도 있는데, 이 또한 절대 해서는 안 되는 행동입니다. 설령 진짜 왕따를 시켰다고 해도 학부모가 학생을 직접 혼내서는 안 됩니다. 아이를 위협, 협박했다는 이유로 더 큰 송사에 휘말릴 뿐 해결에 아무런 도움이 되지 않습니다.

아이가 충분히 이야기하도록 독려하고, 그간 힘들었던 감정에 대해 공감해 주세요. 그리고 차분하게 이야기해 줍니다. 이 사실을 엄마가 선생님에게 전할 거고, 일단 선생님이 며칠 동안 상황을 파악할 거라고요. 덧붙여서 앞으로 어떤 구체적인 사건이 생기면 바로 선생님과 엄마에게 말해 달라고 당부하세요.

이런 과정을 통해 왕따 행위가 사실로 밝혀지면, 담임 교사에게 우리 아이가 가해 학생들에게 사과를 받을 수 있는 교육적 자리를 만들어 달라고 요청합니다. 사과를 받은 후에도 비슷한 행태의 왕따가 진행된다면 그때는 공식적으로 학교에 학교폭력 신고를 하는 것도 하나의 방편입니다.

68 행동변화 대화법

# 학교폭력을 예방하는 말

### 평소 이렇게 말하고 있나요?

"누가 욕하면 너도 같이 욕해." (X)

"맞고만 있지 말고 너도 세게 나가." (X)

"그 정도는 그냥 참고 지나가는 거야." (X)

### 이렇게 바꿔 말해 보세요.

"누가 욕을 하면 선생님께 바로 알려." (O)

"누가 널 괴롭히면 혼자 해결하려고 하지 말고 선생님께 알려." (O)

"누가 괴롭힐 때는 너도 같이 욕하거나 때리지 말고 빨리 빠져나와서 선생님께 알리렴." (O)

## 분노를 다스리고 해결책을 모색하는 순간, 당신은 이미 승리자입니다.

쉬는 시간이나 점심시간이 되면 하루에도 몇 번씩 아이들이 다가와서 말합니다.

"선생님, 영철이가 제 머리를 때렸어요."

"선생님, 수현이가 저보고 '미친'이라고 욕했어요."

그러면 해당 학생을 불러 사실을 확인하고 사과하게 합니다. 가해 학생에게는 훈육을 하고, 피해 학생은 사과를 받도록 하는 과정을 거쳐 사안을 마무리합니다. 물론 이 과정이 한 번으로 끝나지 않을 때도 있습니다. 비슷한 일이 반복되기도 하지요. 그래도 폭력이 일어났다는 사실을 선생님에게 알리면 사과는 받을 수 있습니다. 근본적인 문제를 해결할 수 있다고 장담할 수는 없지만 그래도 훈육과 사과의 과정을 반복하면서 개선이 이루어지기도 하고, 선생님이 해당 학생을 주시하기 때문에 아무래도 가해 학생도 조심하게 됩니다. 그러니 혼자 마음에 담아 두지 말고 부모님이나 선생님에게 이야기하는 것이 가장 중요합니다.

학교폭력 사안이 발생하기 전에, 아이에게 미리 어떻게 행동해야 할지를 알려 주는 것이 가장 효과적입니다.

"누가 욕을 하면 선생님께 알리렴."

"누가 너를 때리면 선생님께 알리는 거야."

너도 똑같이 욕을 하라거나 똑같이 때려 주라는 교육은 별로 도움이 되지 않습니다. 현장에서는 누가 먼저 욕을 했고, 누가 먼저 때렸는지는 중요하지 않습니다. 누가 욕을 한다고 해서 욕으로 맞대응을 하고, 누가 때린다고 똑같이 때리면 폭력 사안만 더 커질 뿐입니다. 그리고 똑같이 폭력을 사용한 학생이 되고 맙니다.

그 폭력 상황에 대응하지 말고 그 자리를 빠져나온 후 선생님에게 알리는 것이 가장 현명한 방법입니다. 그러면 사과를 받을 수 있습니다. 피해를 입었어도 사과받을 수만 있으면 아주 깊은 상처나 응어리, 분노를 품는 상황까지는 가지 않을 수 있습니다.

학교폭력을 당해 놓고도 학교나 집에 와서 말하지 않는 경우가 있습니다. 원인은 여러 가지겠지요. 내가 당한 것이 폭력이라고 인지하지 못해서일 수도 있고, 자신이 제대로 대응하지 못해서 생긴 일이라고 여겨서일 수도 있고, 어차피 말해도 아무 소용 없을 거라고 자포자기해서 그럴 수도 있습니다.

이유가 무엇이든 피해 사실을 말하지 않고 참고 참으면 그 감정이 나중에 한꺼번에 터질 수 있습니다. 지속적으로 피해를 입었던 학생이 가해 학생이나 혹은 엉뚱한 학생에게 감정을 폭발시키는 경우를 자주 보았거든요. 정말 안타까운 일이지만, 그러면 피해 학생이 한순간에 학교폭력 가해자가 되고 맙니다. 상황이 이렇게 되지 않도록, 아주 작은 폭력이라도 그냥 지나치지 말고 선생님이나 부모님에게 알리도록 하는 것이 가장 중요합니다. 누구든 학교폭력을 저지르면 그 사실이 곧바로 공개되는 환경에 있다는 것을 인지할 때, 폭력의 비율 또한 낮아집니다.

초등 아이 행동변화 대화법 68

**초판 1쇄 인쇄** 2025년 3월 20일
**초판 2쇄 발행** 2025년 5월 10일

**지은이** 김선호
**펴낸이** 김종길
**펴낸 곳** 글담출판사 **브랜드** 글담출판

**기획편집** 이경숙 · 김보라 **영업홍보** 김보미 · 김지수
**디자인** 손소정 **관리** 이현정

**출판등록** 1998년 12월 30일 제2013-000314호
**주소** (04029) 서울시 마포구 월드컵로8길 41 (서교동 483-9)
**전화** (02) 998-7030 **팩스** (02) 998-7924
**블로그** blog.naver.com/geuldam4u **이메일** geuldam4u@geuldam.com

ISBN 979-11-91309-79-9 (03590)

* 책값은 뒤표지에 있습니다.
* 잘못된 책은 바꾸어 드립니다.

**만든 사람들**
**책임편집** 이경숙 **교정교열** 신혜진

글담출판에서는 참신한 발상, 따뜻한 시선을 가진 원고를 기다리고 있습니다.
원고는 아래의 투고용 이메일을 이용해 보내주세요. 여러분의 소중한 경험과 지식을 나누세요.
**이메일** to_geuldam@geuldam.com